高等院校应用型人才培养"十四五"规划教材

U0176886

JavaScript 项目实战

（第2版）

天津滨海迅腾科技集团有限公司　编著

刘　健　张保利　主编

天津大学出版社
TIANJIN UNIVERSITY PRESS

图书在版编目(CIP)数据

JavaScript项目实战（第2版）/ 天津滨海迅腾科技集团
有限公司编著; 刘健, 张保利主编. — 天津：天津大学出版社,
2021.1（2024.2重印）

高等院校应用型人才培养"十四五"规划教材

ISBN 978-7-5618-6853-9

Ⅰ.①J… Ⅱ.①天… Ⅲ.①JAVA语言－程序设计－
教材 Ⅳ.①TP312.8

中国版本图书馆CIP数据核字(2020)第267446号

主　　编：刘　健　张保利
副主编：王金兰　贾艳平　张广华
　　　　　李松波　郝丽燕　程良勇

出版发行	天津大学出版社	
地　　址	天津市卫津路92号天津大学内(邮编:300072)	
电　　话	发行部:022-27403647	
网　　址	www.tjupress.com.cn	
印　　刷	廊坊市海涛印刷有限公司	
经　　销	全国各地新华书店	
开　　本	787mm×1092mm　1/16	
印　　张	19	
字　　数	480千	
版　　次	2021年1月第1版　2024年2月第2版	
印　　次	2024年2月第3次	
定　　价	69.00元	

前　言

JavaScript 是运行在浏览器端的脚本语言,主要解决的是前端与用户交互的问题。Vue 是基于 JavaScript 的一套 MVVC 前端框架,可将 Model 用纯 JavaScript 对象来表示,用 View 显示视图,是一套构建用户界面的渐进式框架。

本书以"JavaScript 脚本语言—jQuery—Vue 渐进式框架"的发展历程对渐进式 JavaScript 框架进行讲解,包含基本语法、函数使用、事件、数据交互、框架应用等内容。全书知识点的讲解由浅入深,使每一位读者都能有所收获,也保持了整本书的知识深度。

本书主要介绍了八个项目,分别是 JavaScript 快速入门、基本语法、函数与对象、事件处理、数据交互、jQuery、初始 Vue.js、Vue 的应用。全书使用循序渐进的方式对从 JavaScript 脚本语言到 Vue 渐进式框架的发展的知识点进行讲解。

本书中每个项目都设有学习目标、学习路径、任务描述、任务技能、任务实施、任务总结英语角和任务习题。结构条理清晰、内容详细,任务实施可以将所学的理论知识充分地应用到实际操作中。

本书由刘健、张保利共同担任主编,王金兰、贾艳平、张广华、李松波、郝丽燕、程良勇担任副主编,刘健、张保利负责整书编排。项目一由刘健负责编写,项目二由张保利负责编写,项目三由王金兰负责编写,项目四由贾艳平负责编写,项目五由张广华负责编写,项目六由李松波负责编写,项目七由郝丽燕负责编写,项目八由程良勇负责编写。

本书理论内容简明扼要,实例操作讲解细致、步骤清晰,实现了理实结合,操作步骤后有相对应的效果图,便于读者直观、清晰地看到操作效果,牢记书中的操作步骤,在对 Vue 渐进式框架相关知识的学习过程中能够更加顺利。

天津滨海迅腾科技集团有限公司

2020 年 12 月

目　录

项目一　JavaScript 快速入门

本项目通过对"登录验证"功能的实现，使学生了解 WebStorm 的下载与安装，熟悉 JavaScript 的基本语法，掌握 JavaScript 的使用方法，培养独立引入 JavaScript 的能力。在任务实现过程中：

● 了解 JavaScript 的语言规范；
● 熟悉 JavaScript 的开发工具；
● 掌握 JavaScript 的引入方式；
● 培养独立实现 JavaScript 程序的能力。

课程思政

【情境导入】

一个完整的动态网页由 HTML、CSS 以及 JavaScript 构成。JavaScript 在增添网页互动性的同时,能够及时响应用户的操作,并对提交表单做即时的检查。本项目通过对 JavaScript 语言规范、引入方法的讲解,最终完成"登录验证"功能。

【功能描述】

- 使用 JavaScript 内置对象。
- 编写外部 CSS 文件。
- 编写外部 JS 文件。
- 创建 HTML 页面并在页面内引入 CSS、JS 文件。

技能点一　　脚本语言概述

脚本语言是由解释器逐行进行读取,且不需要编译的语言。其灵活性高,一般用于浏览器或嵌入 C、C#、Java 等编译语言,进行一些简单的需要经常变动的逻辑配置。

脚本语言分为服务端脚本语言和客户端脚本语言。服务端脚本语言放在服务端运行,通过服务器解析后返回客户端,如 PHP、JSP、ASP、.NET 等。客户端脚本语言主要在网页上提供交互、动态效果等功能,如 JavaScript、VBScript、ActionScript 等。

常用的脚本语言如下。

1. JSP

JSP 是以 Java 语言为基础的脚本语言,在使用过程中,一般使用 JSP 标签在 HTML 页面中插入 Java 代码,是一种动态网页开发技术,主要用于实现 Web 视图界面的创建。JSP 标签还可通过网页表单获取用户输入数据、访问数据库,并动态地创建网页。

2. JavaScript

JavaScript 是一种基于对象和事件驱动并具有安全性能的客户端脚本语言,它通过 AJAX 与服务端进行交互,使网页变得生动。使用它的目的是与 HTML 超文本标识语言、Java 脚本语言一起在一个网页中链接多个对象,与网络客户交互作用,从而可以开发客户端的应用程序。

3. VBScript

VBScript 的全称为 Microsoft Visual Basic Script Editon(微软公司可视化 Basic 脚本版),是一种 Windows 脚本,用它编写的脚本代码不能被编译成二进制文件,直接由 Windows 系统执行,具有高效、易学等特点。

技能点二　JavaScript 语言

JavaScript 相对其他的语言来说,较容易上手,且基于事件驱动,不需要依赖特殊的语言环境,在浏览器中就可以运行,并且它在以少量代码实现多彩动态效果的同时,也让程序变得简洁。

1. JavaScript 介绍

JavaScript 脚本语言最初名为 LiveScript,是由 Netscape 的 Brendan Eich 于 1995—1996 年设计出的一种脚本语言,主要用来处理由服务器负责的表单验证。之后 Netscape 与 Sun 合作,便将其改名为 JavaScript。

JavaScript 没有严格的数据类型,是采用小段程序的编写方式来实现编程的。 在 HTML 中嵌入 JavaScript 程序后,可以控制浏览器的行为和内容,能够创建具有交互能力的网站内容,增添了网页的视觉吸引力。

1)JavaScript 的用途

JavaScript 作为最流行的编程语言,是一种轻量级,支持面向对象编程、命令式编程以及函数式编程的语言,其作用范围极广。具体作用如下。

(1)网页特效。

JavaScript 可在页面中实现动态效果,增强页面的趣味性。如在页面中放置轮播图,点击左右按钮可切换不同图片,点击导航栏中的某个标题,展开对应的二级菜单,或设置页面滚动,加强用户体验等。其效果如图 1-1 至图 1-3 所示。

图 1-1   点击左右滑动按钮切换轮播图

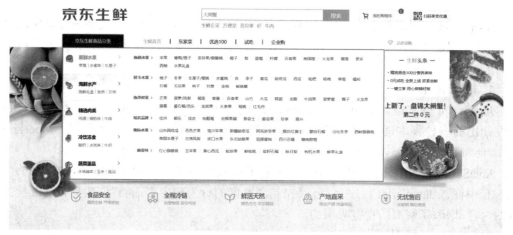

图 1-2   点击左侧导航显示二级菜单

图 1-3   点击"顶部",回到页面顶端

（2）页面交互。

在网页进行交互验证时，JavaScript 可根据用户的操作，动态处理表单，检验用户的输入内容并反馈实时信息。如验证登录操作，若输入的用户名或密码为空，则提示"请输入账户名和密码"，效果如图 1-4 所示。

图 1-4　用户名或密码为空时

（3）游戏开发。

JavaScript 结合网页技术可实现 Web 小游戏的制作。如"猎兔"游戏，是一款简单耐玩的网页狩猎游戏，当页面出现兔子时，用鼠标点中即可。页面顶端会显示当前游戏等级和用户次数。效果如图 1-5 所示。

图 1-5　通过 JavaScript 制作游戏

2）JavaScript 的优缺点

每种编程语言都有其长处与短处，JavaScript 脚本语言也不例外，它在为编程人员带来便利的同时,也会因为自身的局限给用户造成不便。

在使用过程中,JavaScript 脚本语言具有如下优点。

(1)弱类型。

JavaScript 的数据类型不需要在声明时指定,解释器会通过上下文的内容对变量进行实例化的操作。

(2)脚本语言。

JavaScript 是一种解释型的脚本语言,当程序在 Web 浏览器中运行时,会逐行进行解释。

(3)基于对象。

JavaScript 能使用现有的对象,也可以创建新的对象。

(4)简单。

JavaScript 是基于 Java 基本语句和控制的脚本语言,对使用的数据类型未做出严格的要求,其设计简单紧凑。

(5)动态性。

JavaScript 是一种采用事件驱动的脚本语言,如果要为一个属性赋值,不必事先创建一个字段,只需要在使用的时候做赋值操作即可。在访问一个网页时,鼠标在网页中进行点击或窗口移动等操作,JavaScript 都可直接对这些事件给出相应的响应。

(6)跨平台性。

JavaScript 脚本语言不依赖操作系统,仅需要浏览器的支持。因此一个 JavaScript 脚本可以在任意机器上使用,前提是机器上的浏览器支持 JavaScript 脚本语言,目前大多数的浏览器都支持 JavaScript。

在使用过程中,JavaScript 脚本语言也存在一些不足,主要表现在以下几点。

(1)各浏览器对 JavaScript 的支持不同。

当程序员编写好一个 JavaScript 程序进行预览时,他可在不同浏览器中查看其效果,如 IE、Google、Firefox、Opera 等,但每种浏览器对 JavaScript 的兼容性并不统一,在预览过程中其效果会有一定差距。

(2)安全具有局限性。

JavaScript 的所有代码都是发送到客户端运行的,极易被篡改为恶意代码,且容易受到攻击导致程序崩溃。所以当程序员将 JavaScript 的设计目标设定为"web 安全性"时,其唯一有权访问的信息就是该 JavaScript 所嵌入的 web 主页中的信息,大大限制其访问空间。

2. 语言规范

完整的 JavaScript 实现包含三个部分:ECMAScript、文档对象模型和浏览器对象模型。ECMAScript 是 JavaScript 的语言规范标准;文档对象模型(DOM)是万维网联盟(W3C)提出的文档对象模型标准;浏览器对象模型(BOM)用于处理浏览器交互的方法和接口。

1)ECMAScript

1996 年 11 月,Netscape 公司将 JavaScript 提交给国际标准化组织 ECMA(European Computer Manufacturers Association),希望 JavaScript 能够成为国际标准。1997 年 7 月,ECMA 组织发布第 262 号标准文件(ECMA-262)的第一版,规定了浏览器脚本语言的标准,并将这种语言称为 ECMAScript。这个版本就是 ECMAScript 1.0 版。

ECMAScript 和 JavaScript 的关系是：ECMAScript 是 JavaScript 的规格，JavaScript 是 ECMAScript 的一种实现。在日常使用中，这两个词是可以互换的。随着该技术的不断完善，其版本与兼容规范的更新如表 1-1 所示。

表 1-1　JavaScript 的语言规范标准发展史

年份	JavaScript	ECMA	浏览器
1996	1.0	ECMAScript1	Netscape2
1997	1.0	ECMAScript1	IE4
1998	1.3	ECMAScript1	Netscape4
1999	1.3	ECMAScript2	IE5
2000	1.3	ECMAScript3	IE5.5
2000	1.5	ECMAScript3	Netscape6
2000	1.5	ECMAScript3	Firefox1
2005	1.6	ECMAScript3	Firefox1.5
2006	1.7	ECMAScript3	Firefox2.0
2008	1.8	ECMAScript3.1	Firefox3.0
2011	1.8	ECMAScript5	IE9
2011	1.8.5	ECMAScript5.1	Firefox4
2015	ECMAScript2015	ECMAScript6	IE11

2）文档对象模型

文档对象模型（DOM）是用于处理网页内容的方法和接口。它允许程序和脚本动态接入和更新文档的内容、样式和结构，即可通过 web 浏览器在遵从规范的条件下，以动态的方式开发网页。W3C DOM 标准分为 3 个不同部分，如图 1-6 所示。

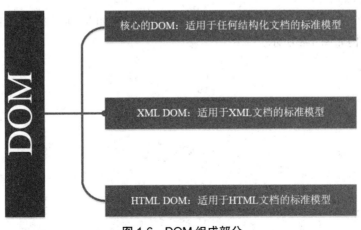

图 1-6　DOM 组成部分

（1）核心的 DOM。

核心的 DOM 是结构化文档底层对象的集合，定义了 XML 与 HTML 的逻辑结构，如元素、属性、文本、文档等内容。

（2）XML DOM。

XML DOM 定义了访问和处理 XML 文档的标准方法，是一种树结构。这个树结构包含根（父）元素和子元素等。从根元素开始，向下可包含多个子元素并可设置其对应属性，在每个子元素中可对其子节点进行处理。其树形结构如图 1-7 所示。

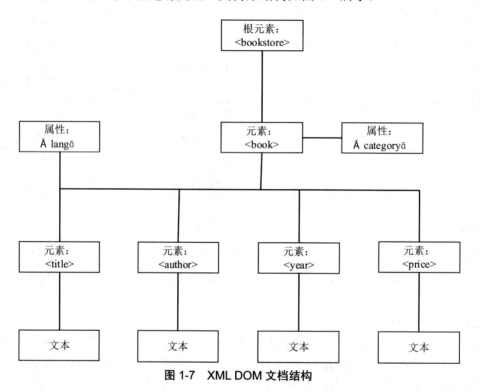

图 1-7   XML DOM 文档结构

（3）HTML DOM。

一个 HTML 文档中，每个标签都可作为元素节点。比如 html 标签、head 标签、body 标签等，其对应结构如图 1-8 所示。

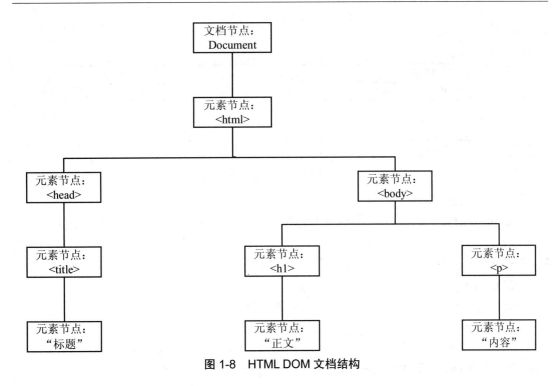

图 1-8   HTML DOM 文档结构

其对应的文档结构如示例代码 1-1 所示。

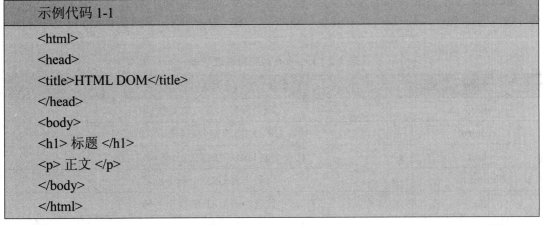

示例代码 1-1

```
<html>
<head>
<title>HTML DOM</title>
</head>
<body>
<h1> 标题 </h1>
<p> 正文 </p>
</body>
</html>
```

3）浏览器对象模型

浏览器对象模型（BOM）提供了独立于内容而与浏览器窗口进行交互的对象。BOM 的核心对象是 window，用于管理窗口与窗口之间的信息传递。window 对象又包含多个子对象，如图 1-9 所示。

图 1-9   window 对象

（1）document。

document 对象表示文档，代表整个 HTML 页面。每当创建一个网页并在浏览器中运行时，DOM 便会根据网页内容创建一个 document 文档，来分析其功能，若没有 document 文档，那么整个文档对象模型也就失去了作用。

（2）frames。

frames 表示 HTML 页面当前窗体中的框架集合。

（3）history。

history 对象表示用户访问的页面历史记录，但只能存储最近访问的、有限条目的 URL 信息，通过 window 对象的 history 属性可以访问该对象。

（4）location。

location 表示当前页面的位置信息，使用 window 对象的 location 属性可以访问。该对象定义了 8 个属性，每个属性都有其负责获取的 URL 部分信息。详细信息如表 1-2 所示。

表 1-2   location 对应属性说明表

属性	说明
href	代表当前显示文档的完整 URL
protocol	代表 URL 的协议部分，包括后缀的冒号
host	代表当前 URL 中的主机名和端口部分
hostname	代表当前 URL 中的主机名
port	代表当前 URL 的端口部分
pathname	代表当前 URL 的路径部分
search	代表当前 URL 的查询部分，包括前导问号
hash	代表当前 URL 中的锚部分，包括前导符（#）

（5）navigator。

navigator 表示浏览器的相关信息，如名称、版本和系统等。通过 window.navigator 可以引用该对象，并利用它的属性来读取客户端基本信息。

（6）screen。

screen 表示客户端显示能力信息，可通过 window.screen 属性对其进行访问，JavaScript

程序可以利用这些信息来优化输出，以达到用户的显示要求。例如，JavaScript 程序可以根据显示器的尺寸选择使用大图像还是使用小图像，它还可以根据有关屏幕尺寸的信息将新的浏览器窗口定位在屏幕中间。

技能点三　JavaScript 语言的开发工具

"工欲善其事，必先利其器。"JavaScript 脚本语言所使用的开发工具也是多种多样的。以下介绍的工具是针对网页设计和开发人员来说，比较好用的一些 JavaScript 开发工具。

1. JavaScript 常用开发工具

1）WebStorm

WebStorm 是一款强大的 JavaScript IDE。其虽然小巧，但是功能非常强大，能支持多种框架和 CSS 语言，包括前端、后端、移动端以及桌面应用，也可以无缝整合第三方工具，完全可以应付复杂的客户端开发和服务器端开发。软件如图 1-10 所示。

2）EditPlus

EditPlus 是一款文字编辑器，默认支持 HTML、CSS、PHP、Java 和 JavaScript 等语法。相对于记事本来讲，EditPlus 在编写代码以及测试方面会显得更加便捷，且支持语法高亮、代码折叠、代码自动完成等功能。软件如图 1-11 所示。

图 1-10　WebStorm　　　　　　　　　图 1-11　EditPlus

3）Visual Studio

Visual Studio 是微软公司开发的，它提供了语法高亮、代码补全，支持 Git 命令等功能，是一个基本完整的开发工具集，为开发人员提供所有相关的工具和框架支持，帮助创建引人注目的、令人印象深刻的并支持 AJAX 的 Web 应用程序。软件如图 1-12 所示。

4）Sublime Text

Sublime Text 是一个先进的代码编辑器，支持跨平台编辑，同时支持 Windows 和 Linux 等操作系统，具有美观的用户界面和强大的功能，如书签、拼写检查、完整的 Python API、即时项目切换、多选择和多窗口等。软件如图 1-13 所示。

图 1- 12 　Visual Studio

图 1-13 　Sublime Text

5）HBuilder

HBuilder 基于 Eclipse，封装了许多手机硬件调用接口，如相机、扫描二维码、语音和地理位置等，使开发更接近原生的应用。同时它具有完整的语法提示、代码输入法和代码块等优势，大幅提升 HTML、JS、CSS 的开发效率。软件如图 1-14 所示。

图 1-14 　HBuilder

2. WebStorm 的下载与安装

本书中的代码均以 WebStorm 为开发工具进行编写，以下为该软件的安装步骤。

第一步：进入 WebStorm 官网，官方网址为"https：//www.jetbrains.com/webstorm/"，点击"DOWNLOAD"按钮进行下载，如图 1-15 所示。

图 1-15 　WebStorm 下载界面

第二步：双击运行下载好的 WebStorm 软件图标，如图 1-16 所示。

图 1-16　WebStorm 图标

第三步：点击"Next"继续下一步，如图 1-17 所示。

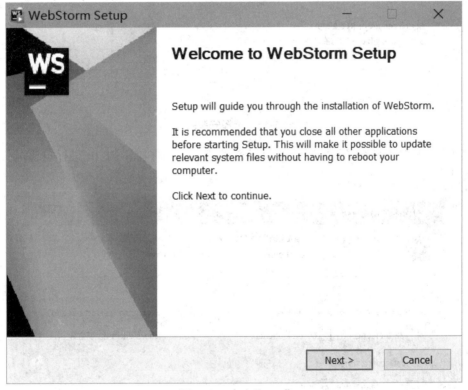

图 1-17　点击"Next"

第四步：选择安装路径，为了减少占用内存，建议不要选择 C 盘，如图 1-18 所示。

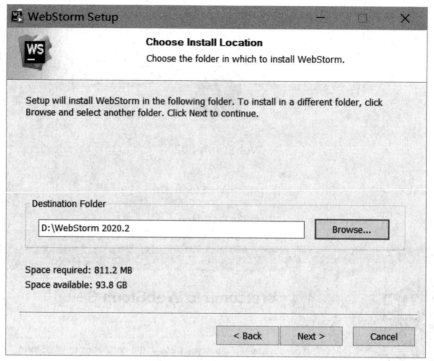

图 1-18　选择安装路径

第五步：根据系统选择不同版本的快捷方式，其余选项按照图 1-19 进行勾选，创建桌面快捷方式。

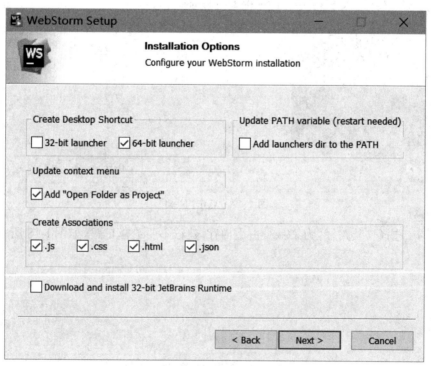

图 1-19　创建桌面快捷方式

第六步：按照默认选项，点击"Install"按钮进行安装，如图 1-20 所示。

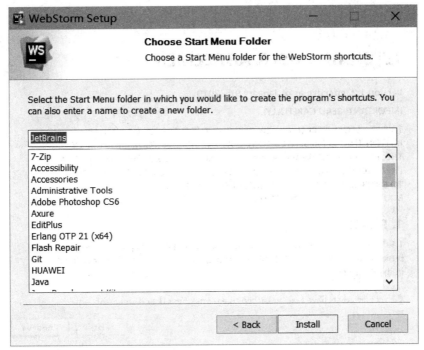

图 1-20　安装

第七步：安装完成后，勾选"Run WebStorm"选项，点击"Finish"按钮即可，如图 1-21 所示。

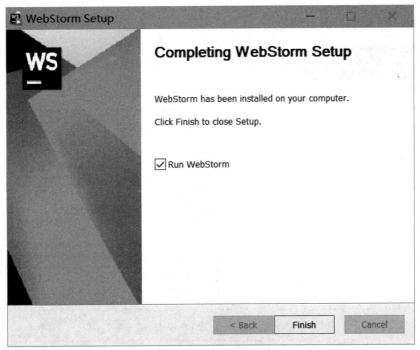

图 1-21　完成安装

第八步：勾选下方同意授权协议框，点击"Continue"按钮，如图 1-22 所示。

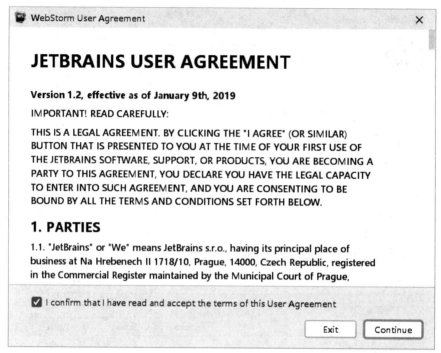

图 1-22　同意授权

第九步：进行 WebStorm 软件的激活，由于更新问题，可在官方网站下载激活码，如图 1-23 所示。

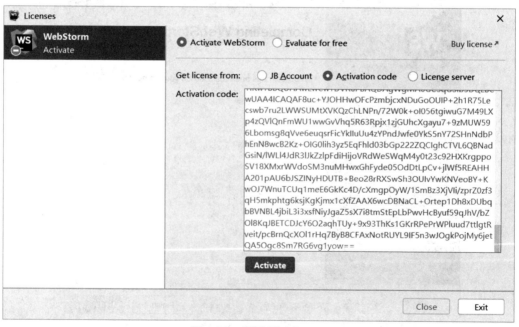

图 1-23　激活 WebStorm

第十步：运行 WebStorm，如图 1-24 所示。

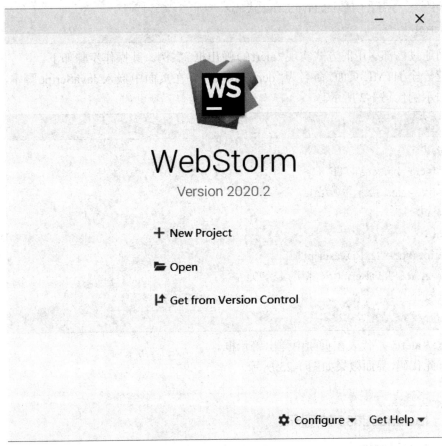

图 1-24　运行 WebStorm

至此，WebStorm 的安装与激活过程就结束了。

技能点四　JavaScript 引入方式

　　JavaScript 语句是发给浏览器的命令，在 HTML 页面中编写 JavaScript 脚本语言时，其语法格式、输出方法以及引入方式都需要遵循规范进行编写。其引入方式可分为两种，分别是内部引入方式和外部引入方式。

1. 内部引入方式
　　内部引入方式，即在 HTML 页面中直接写入 JavaScript 脚本语言，编码过程中需要注意将代码片段嵌套于 \<script type="text/javascript"\> 和 \</script\> 标签中进行填写，填写方式如下。

```
<script type="text/javascript">
// 此处填写需要实现的 JavaScript 代码
</script>
```

下面通过内部引用的方式实现"alert()弹出框"案例。其操作步骤如下。

新建一个 HTML 页面，命名为"demo.html"，并在页面中嵌入 JavaScript 脚本。主要代码部分如示例代码 1-2 所示。

示例代码 1-2

```
<head>
    <meta charset="UTF-8">
    <title>alert 警示框 </title>
</head>
<body>
<script type="text/javascript">
    alert("JavaScript 内部引入！");
</script>
</body>
```

注意："alert()"代表在页面中弹出警示框。

运行此代码，界面效果如图 1-25 所示。

图 1-25 "JavaScript 内部引入"显示效果

2. 外部引入方式

外部引入方式，即将 JavaScript 脚本语言部分进行提取，放置在外部 JS 文件中，如页面动作需通过该 JS 文件实现，则在页面中通过 <script> 标签进行引入。其语法格式如下。

```
<script type="text/javascript" src=" 外部 JS 文件的路径 "></script>
```

注意："src"代表外部 JS 文件的引入路径。

下面通过外部引用的方式实现"alert()弹出框"案例，其操作步骤如下。

第一步：进入 WebStrom 创建项目结构，如图 1-26 所示。

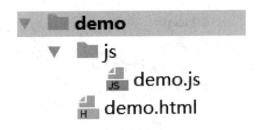

图 1-26　创建项目结构

第二步：编辑 JS 文件代码，如示例代码 1-3 所示。

示例代码 1-3
alert("JavaScript 外部引入！")；

第三步：在"demo.html"页面中引入 JS 文件，主要代码如示例代码 1-4 所示。

示例代码 1-4
\<body\> \<script src="js/demo.js"\>\</script\> \</body\>

运行此代码，界面效果如图 1-27 所示。

图 1-27　"JavaScript 外部引用"显示效果

通过以上内容的学习，本任务将通过实现一个"登录验证"案例来巩固 JavaScript 的使用与引用。具体操作步骤如下。

第一步：新建 login 文件夹，在对应根目录下分别创建 HTML 页面、CSS 样式表以及 JavaScript 文件。在 HTML 页面中引入 CSS 样式文件以及 JavaScript 文件并构建基本登录界面。其项目结构如图 1-28 所示。

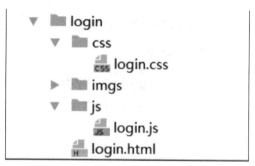

图 1-28　项目结构

HTML 页面主要代码如示例代码 1-5 所示。

示例代码 1-5

```
<head>
    <meta charset="UTF-8">
    <title> 登录界面 </title>
    <link rel="stylesheet" href="css/login.css" type="text/css">
    <script type="text/javascript" src="js/login.js"></script>
</head>
<body>
<div class="login">
    <form name="form1">
        <input type="text" class="in" id="name" placeholder=" 输入用户名 ">
        <br>
        <input type="password" class="in" id="password" placeholder=" 输入密码 ">
        <br>
        <input type="submit" class="btn" value=" 登录 " onclick="check（）">
    </form>
</div>
</body>
```

第二步：编写 CSS 样式文件，设置登录界面的样式，其 CSS 代码如示例代码 1-6 所示。

示例代码 1-6

```
form {
    margin-top: 435px;
    margin-left: 25%;
}
.login {
```

```
background-image：url（../imgs/login.bmp）；
   border：1px solid #00000075；
   border-radius：10px；
   margin-left: 35%；
   margin-top: 5%；
   width: 500px；
   height: 700px；
}
input.in {
   width: 300px；
   height: 42px；
   font-size：18px；
   border：1px solid #9e9e9eb5；
   border-radius：10px；
   margin-bottom: 55px；
}
input.btn {
   width: 300px；
   height: 45px；
   background: #715cdd；
   border: #745fe0；
   border-radius: 5px；
   color: white；
   font-size: 22px；
}
```

第三步：编写 JavaScript 文件，验证用户名和密码是否为空，为空提示"用户名或密码不能为空"；不为空提示"验证正确！"，如示例代码 1-7 所示。

示例代码 1-7

```
function check（）{
   var name = document.getElementById（"name"）；
   var pw = document.getElementById（"password"）；
   if（na.value == "" || pw.value ==""）{
      alert（"用户名或密码不能为空"）；
      return false；
   }else {
```

```
            alert("验证正确！")
        }
    }
```

注意："var name = document.getElementById（"name"）" 中，"var" 代 表 声 明 变 量；"name" 为自定义变量名；"document.getElementById（"name"）" 代表通过 Id 名称获取对应文本框中的值。

第四步：验证登录信息，当用户名和密码为空时，提示"用户名或密码不能为空"；反之，提示"验证正确！"。点击"登录"按钮，其效果如图 1-29 和图 1-30 所示。

图 1-29   用户名及密码为空时登录   图 1-30   用户名及密码不为空时登录

本项目通过对"登录验证"功能的实现，使学生对 JavaScript 脚本的语法格式有了初步的了解，并详细了解 JavaScript 的引入方式以及使用方法，具有使用 JavaScript 脚本语言完成界面互动的能力。

ECMAScript	脚本程序设计语言	CSS	样式表
DOM	文档对象模型	port	端口
BOM	浏览器对象模型	href	路径
document	文档	alert	弹出
history	访问记录	getElementById	获取 Id

一、选择题

1. 下列不属于 JavaScript 组成部分的是（　　　）。

A. ECMAScript　　　　B. 文档对象模型　　　　C. 浏览器对象模型　　　D. 操作系统

2. 下列不属于 JavaScript 语言特点的是（　　　）。

A. 强类型　　　　　　B. 跨平台性　　　　　　C. 简单　　　　　　　　D. 动态性

3. 下列表示 JavaScript 脚本语言的标签是（　　　）。

A. <html></html>　　 B. <link/>　　　　　　 C. <script></script>　　 D. <body>

4. 下列不属于 JavaScript 开发工具的是（　　　）。

A. Visio　　　　　　　B. WebStorm　　　　　 C. EditPlus　　　　　　 D. HBuilder

5. 下列不属于 window 对象的是（　　　）。

A. document　　　　　B. location　　　　　　C. xml　　　　　　　　D. navigator

二、填空题

1. JavaScript 的内置对象用_____表示弹出警示框。

2. JavaScript 的引入方式包括_____和_____。

3. 在 JavaScript 中，声明变量可通过_____表示。

4. 浏览器模型对象的核心对象是_____。

5. JavaScript 的内部引用位置可位于_____或 <body> 标记结尾处。

项目二　基本语法

本项目通过对"简单计算机编程"案例的实现，使学生了解 JavaScript 中数据类型的使用，熟悉 JavaScript 的数据类型转换，掌握 JavaScript 运算符的使用，具有独立实现 JavaScript 程序的能力。在任务实现过程中：

● 了解 JavaScript 数据类型的转换；
● 熟悉 JavaScript 流程控制语言的应用；
● 掌握 JavaScript 数组的使用；
● 培养结合数组、运算符实现 JavaScript 程序的能力。

课程思政

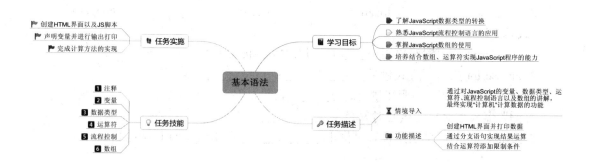

【情境导入】

　　程序通过基础的变量声明、方法创建、数据运算以及条件判断实现。本项目通过对 Ja-vaScript 的变量、数据类型、运算符、流程控制语言以及数组的讲解,最终实现"计算机"计算数据的功能。

【功能描述】

　　● 创建 HTML 界面并打印数据。
　　● 通过分支语句实现结果运算。
　　● 结合运算符添加限制条件。

技能点一　注释

　　JavaScript 的注释,包括单行注释和多行(块级)注释,给程序添加注解能够方便以后的维护和合作开发,以及帮助其他成员理解代码。JavaScript 中的单行注释以两个斜杠开头,其语法格式如下。

```
// 单行注释
```

　　而多行(块级)注释以一个斜杠和一个星号(/*)开头,以一个星号和一个斜杠(*/)结尾,其语法格式如下。

```
/*
 * 这是一个多行
 * (块级)注释
 */
```

　　使用 JavaScript 输出"hello world",并用单行注释说明输出的内容为"hello world",用

多行注释注明这是一个 JavaScript 案例。效果如图 2-1 所示。

图 2-1　hello world 效果图

在网页中没有输出注释，查看源代码如图 2-2 所示。

```
4  <head>
5   <meta charset="UTF-8">
6   <meta name="viewport" content="width=device-width, initial-scale=1.0">
7   <title>Document</title>
8   <script>
9     // document.write("下面这句代码会在控制台输出hello world");
10    document.write("hello world");
11      /*
12    * document.write("这是一个JavaScript程序");
13    */
14
15  </script>
```

图 2-2　查看源代码效果

技能点二　变量

变量用来保存程序运行过程中输入的数据、计算获得的中间结果以及程序的最终结果。一个变量在使用之前应该有一个名字，在内存中占用一定的存储单元。变量必须先定义，后使用，自定义变量名不能为关键字和保留字。

1. 关键字

关键字是 JavaScript 本身已经使用了的变量名或函数名，具有特殊的含义，不能再用作自定义变量名，常用的关键字如表 2-1 所示。

表 2-1　JavaScript 的关键字

break	case	catch	continue	debugger	default
delete	do	else	false	finally	for
function	if	in	instanceof	new	null
return	switch	this	throw	true	try
typeof	var	void	while	with	

2. 保留字

保留字是 JavaScript 本身已经定义但在现在的语法中没有特殊含义，会在之后的语法中成为关键字的单词，同样也不能作为自定义变量名使用，常见的保留字如表 2-2 所示。

表 2-2　JavaScript 的保留字

abstract	boolean	byte	char	class	const
double	enum	export	extends	final	float
goto	implements	import	int	interface	long
native	package	private	protected	public	short
static	super	synchronized	throws	transient	volatile

3. 变量

定义变量需要使用 var 关键字。定义变量格式为：

var 变量名；

变量名属于标识符，命名时，一定要符合标识符的命名规定，命名规范具体如下。

（1）由字母（A~Z，a~z）、数字（0~9）、下画线（_）、美元符号（$）组成。如：usrAge，num01，_name。

（2）严格区分大小写。如：var app 和 var App 定义的是两个变量。

（3）不能以数字开头。如：18age 是错误的。

（4）不能是关键字、保留字。如：var、for、while 等。

（5）变量名必须有意义。如：MMD BBD nl → age。

（6）遵守驼峰命名法。首字母小写，后面单词的首字母需要大写。如：myFirstName。

在定义变量的同时对变量进行初始化操作，也可以在变量定义之后通过赋值语句给定值，定义变量并初始化的两种方式如示例代码 2-1 所示。

示例代码 2-1

```
// 第一种：定义 message 变量并赋初始值为 "hi"
var message = "hi";
  // 第二种：先定义后赋值
    var message2；
    message2 = "hello";
```

当需要在执行逻辑之前声明多个变量时，可以使用复合写法，在每一个变量名后用逗号隔开。同时定义三个变量并初始化如示例代码 2-2 所示。

示例代码 2-2

```
// 定义三个变量并初始化
var message = "hi"，age = 18，sex = 'man'；
document.write（message + '<br>' + age + '<br>' + sex）；
```

在浏览器中运行上面的代码得到的结果如图 2-3 所示。

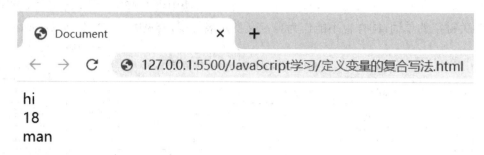

图 2-3　使用复合写法定义多个变量并输出结果

技能点三　　数据类型

1. 基本数据类型

在使用 JavaScript 数据类型过程中，数据只需在使用或赋值时根据设置的具体内容确定其对应的类型。它支持的数据类型分为两大类，分别是基本数据类型和复杂数据类型，如图 2-4 所示。

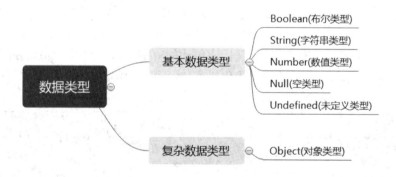

图 2-4　JavaScript 的数据类型

JavaScript 中有 5 个简单数据类型（基本数据类型），分别是 Boolean（布尔类型）、String（字符串类型）、Number（数值类型）、Null（空类型）和 Undefined（未定义类型）。数据类型可以使用 typeof 关键字查看。

1）Boolean 类型

Boolean 类型是使用最多的一种类型，该类型有两个值：true 和 false。Boolean 类型的声明与使用如示例代码 2-3 所示。

示例代码 2-3

```
var found = true;
var lost = false;
// boolean 类型的值是区分大小写的
document.write('typeof found=' + typeof found + '<br>');
document.write('typeof lost=' + typeof lost);
```

运行在浏览器中的结果如图 2-5 所示。

图 2-5　Boolean 类型运行结果

2）String 类型

String 类型用于表示单个字符或者多个字符组成的字符序列,统称字符串。字符串用双引号或者单引号括起来表示,定义两个字符串并输出对应的类型如示例代码 2-4 所示。

示例代码 2-4

```
var firstName = «Nicholas»;
var lastName = ‹Zakas›;
document.write('typeof firstName=' + typeof firstName + '<br>');
document.write('typeof lastName=' + typeof lastName);
```

运行在浏览器中的结果如图 2-6 所示。

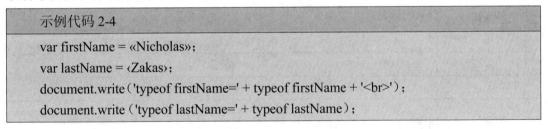

图 2-6　typeof String 类型运行结果

由单引号定界的字符串中可以包含双引号,由双引号定界的字符串中也可以包含单引号。但是如要在单引号中使用单引号,或在双引号中使用双引号,则需要使用转义字符"\"对其进行转义。输出转义字符的示例代码如示例代码 2-5 所示。

```
示例代码 2-5

var say1 = 'i\'m is ...';
var say2 = "\"Tom\"";
document.write('say1=' + say1 + '<br>');
document.write('say2=' + say2);
```

在浏览器中输出的结果如图 2-7 所示。

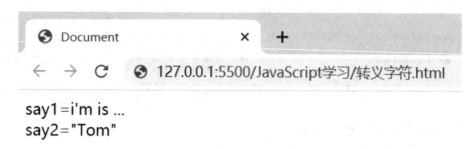

图 2-7　转义字符输出结果

除此之外,在字符串中使用换行、tab 等特殊符号时,也需要利用转义字符"\"转义。JavaScript 常用的需要转义的特殊字符如表 2-3 所示。

表 2-3　JavaScript 的转义符

转义符	含义
\n	换行符,n 代表 newline
\\	斜杠 \
\'	' 单引号
\"	" 双引号
\t	tab 缩进
\b	空格,b 代表 blank

3)Number 类型

数值型(Number)是最基本的数据类型。JavaScript 不区分整数和小数,所有的数字都是数值型。在使用的过程中它还可以添加"-"符号来表示负数,添加"+"符号表示正数。定义数值型变量赋值并输出如示例代码 2-6 所示。

```
示例代码 2-6

var oct = 032;  // 八进制数 26
var dec = 26;  // 十进制数 26
var hex = 0x1a;  // 十六进制数 26
```

```
var fnum1 = 7.26；// 标准格式
var fnum2 = -6.24 // 标准格式
var fnum3 = 3.14E6 // 科学计数法格式 3.14*10 的 6 次方
var fnum4 = 8.96E-3 // 科学计数法格式 8.96*10 的 -3 次方
document.write('oct=' + oct + '<br>')// 输出 oct 的值
document.write('dec=' + dec + '<br>') // 输出 dec 的值
document.write('hex=' + hex + '<br>') // 输出 hex 的值
document.write('fnum1=' + fnum1 + '<br>') // 输出 fnum1 的值
document.write('fnum2=' + fnum2 + '<br>') // 输出 fnum2 的值
document.write('fnum3=' + fnum3 + '<br>') // 输出 fnum3 的值
document.write('fnum4=' + fnum4) // 输出 fnum4 的值
```

在浏览器中输出的结果如图 2-8 所示。

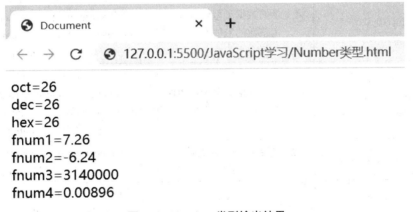

图 2-8　Number 类型输出结果

4）Null 类型

Null 类型也是一个特殊的类型。从逻辑的角度看，null 值表示一个空对象指针。如果要声明的变量在以后的逻辑中会用来保存对象，那么最好把这个变量初始化为 null。

5）Undefined 类型

Undefined 类型只有一个特殊值——undefined，它是已定义的变量没有被初始化时的默认值。它表示没有为变量设置初始值或者变量没有值。

2. 数据类型转换

对数据进行操作时，若其数据类型不相同，则需要对其进行数据类型转换。除了可以利用 JavaScript 的隐式转换（默认转换方式）外，还可以根据程序的需要指定数据的转换类型。JavaScript 中类型转换的方法如表 2-4 所示。

表 2-4　JavaScript 中数据类型的转换方法

数据类型转换方法	说明	示例

变量 .toString（）	将变量的数据类型转换为字符串类型	var num = 10;
		var str = num.toString（）;
		document.write（type of str）;
		// 输出结果为 string

String（变量）	将变量的数据类型转换为字符串类型	var num = 10;
		document.write（typeof String（num））;
		// 输出结果为 string

变量名 + " "	通过拼接一个空字符串来进行隐式转换	var num = 10;
		var str = num + " ";
		document.write（typeof str）;
		// 输出结果为 string

parseInt（变量）	将变量的数据类型转换为保留整数的数值类型	var str = "10.1"; var num = parseInt（str）; document.write（typeof num + num）; // 输出结果为 number 10
parseFloat（变量）	将变量的数据类型转换为保留小数的数值类型	var str = "10.14"; var num = parseFloat（str）; document.write（typeof num + num）; // 输出结果为 number 10.14
变量 − 或 * / 变量	通过算数运算符进行隐式转换	document.write（typeof（'12' - 0））; // 输出的结果为 number
Boolean（变量）	将变量的数据类型转换为布尔类型（空字符串、0、NaN、null 和 undefined 类型会被转换为 false，其余为 true）	document.write（Boolean（' '））; // 输出的结果为 false document.write（Boolean（0））; // 输出的结果为 false document.write（Boolean（NaN））; // 输出的结果为 false document.write（Boolean（null））; // 输出的结果为 false document.write（Boolean（undefined））; // 输出的结果为 false

技能点四　运算符

在程序中，经常会对数据进行运算。为此，JavaScript 提供了多种类型的运算符，运算符是专门使程序执行特定运算或逻辑操作的符号。根据运算符的作用，运算符可分为算术运算符、字符串运算符、赋值运算符、比较运算符、逻辑运算符和三元运算符 6 种。

1. 算术运算符

算术运算符用在需要进行数学运算的场景,四则运算遵守数学中的先乘除后加减的原则,并且避免小数数值直接运算。JavaScript 中的算术运算符如表 2-5 所示。

表 2-5　JavaScript 算术运算符

运算符	运算	示例	结果
+	加	5+5	10
-	减	6-4	2
*	乘	3*4	12
/	除	3/2	1.5
%	求余	5%7	5
**	幂运算(ES7 新特性)	3**4	81
++	自增(前置)	a=2,b=++a;	a=3;b=3;
++	自增(后置)	a=2,b=a++;	a=3;b=2;
--	自减(前置)	a=2,b=--a;	a=1;b=1
--	自减(后置)	a=2,b=a--;	a=1;b=2;

注意:

①取模运算时,运算结果的正负取决于"%"左边数值的符号;

②自增、自减运算符前置时会先进行自增、自减操作再参与运算,后置时会先参与运算后进行自增、自减操作。

2. 字符串运算符

JavaScript 中,"+"操作的两个数据中只要有一个是字符型,则"+"就代表字符串连接运算符,用于返回两个数据拼接之后的字符串。连接运算符使用如示例代码 2-7 所示。

```
示例代码 2-7

    var school = 'qinghua';
    var str = 'my school is' + school;
    var age = 1 + '8';
    document.write('school =' + school + '<br>');
    document.write('age =' + age + '<br>');
    document.write('typeof str=' + typeof str + '<br>')
    document.write('typeof age=' + typeof age);
```

在浏览器中输出的结果如图 2-9 所示。

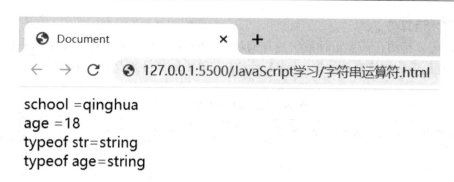

图 2-9　拼接字符串输出结果

从上述示例可知,当变量或值通过运算符"+"与字符串进行运算时,变量或值就会被自动转换为字符型。

3. 赋值运算符

赋值运算符用于将运算符右边的值赋给左边的变量。其中,"="是基本的赋值运算符,而非数学意义上相等的关系。其中,常用的赋值运算符及示例如表 2-6 所示。

表 2-6　JavaScript 赋值运算符

运算符	运算	示例	结果
=	赋值	a=3, b=2;	a=3; b=2;
+=	加并赋值	a=3, b=2; a+=b;	a=5; b=2;
-=	减并赋值	a=3, b=2, a-=b;	a=1; b=2;
*=	乘并赋值	a=3, b=2; a*=b;	a=6; b=2;
/=	除并赋值	a=3, b=2; a/=b;	a=1.5; b=2;
%=	模并赋值	a=3, b=2; a%=b;	a=1; b=2;
+=	连接并赋值	a='abc'; a+=' def';	a=' abcdef';
**=	幂运算并赋值（ES7 新特性）	a=2; a**=5;	a=32;

其中"+="运算符比较特殊,它在使用时,若其操作数都是非字符型数据,则表示相加后赋值,否则用于拼接字符串,其用法如示例代码 2-8 所示。

示例代码 2-8
``var num1 = 2, num2 = '2';
num1 += 3;
num2 += 3;
document.write('num1=' + num1 + ' ' + 'num2=' + num2); // 输出的结果为: 5
"23"```

在浏览器中输出的结果如图 2-10 所示。

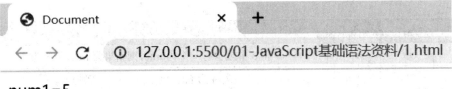

num1=5
num2=23

图 2-10　运算结果

在执行运算符"+="时,变量 num1 与 3 都是数值型,则进行相加运算,结果为 5;而变量 num2 是字符型 2,3 是数值型数据,则进行字符串拼接,结果为 23。

4. 比较运算符

比较运算符用于对两个数值或变量进行比较,其结果是一个布尔值,即 true 和 false。接下来通过表 2-7 列出常用的比较运算符及其用法。

表 2-7　JavaScript 比较运算符

运算符	运算	示例(x=5)	结果
==	等于	x == 4	false
! =	不等于	x ! = 4	true
===	全等	x === 5	true
! ==	不全等	x ! == '5'	true
>	大于	x>5	false
>=	大于或等于	x>=5	true
<	小于	x<5	false
<=	小于或等于	x<=5	true

注意:
①不同类型的数据进行比较时,JavaScript 会自动将其转换成相同类型的数据再进行比较。例如,字符串 '123' 与数值 123 进行比较时,首先会将字符串 '123' 转换成数值型,然后与 123 进行比较。
②运算符"=="和"! ="与运算符"==="和"! =="在使用时,前两个运算符只比较数据的值是否相等,后两个运算符不仅要比较值是否相等,还要比较数据的类型是否相同。

5. 逻辑运算符

逻辑运算符常用于布尔型数据的操作,当操作数都是布尔值时,返回值也是布尔值;当操作数不是布尔值时,运算符"&&"和"||"的返回值就是一个特定的操作数的值。具体如表 2-8 所示。

表 2-8　JavaScript 逻辑运算符

运算符	运算	示例	结果
&&	与	a&&b	a 和 b 都为 true,结果为 true,否则为 false

续表

运算符	运算	示例	结果
||	或	a||b	a 和 b 中至少有一个为 true,则结果为 true,否则为 false
!	非	! a	若 a 为 false,结果为 false,否则相反

逻辑运算符在使用时,以从左到右的顺序进行求值,会出现"短路"的情况,短路的两种情况如下。

（1）当使用"&&"时,如果左边表达式的值为 false,则右边的表达式不会执行,逻辑运算结果为 false。

（2）当使用"||"时,如果左边表达式的值为 true,则右边的表达式不会执行,逻辑运算结果为 true。

6. 三元运算符

三元运算符是一种需要三个操作数的运算符,运算的结果根据给定条件决定。它的语法如下所示。

条件表达式? 表达式 1: 表达式 2

上述语法格式中,若条件表达式的值为 true,则返回表达式 1 的执行结果;若条件表达式的值为 false,则返回表达式 2 的执行结果。通过输入分数判断是否及格的案例代码如示例代码 2-9 所示。

示例代码 2-9

```
var score = prompt('请输入分数:')
var state = score >= 60 ? ' 及格 ': ' 不及格 ';
document.write(state 的结果是:' + state);
```

在浏览器中输入 61 后得到的结果如图 2-11 和图 2-12 所示。

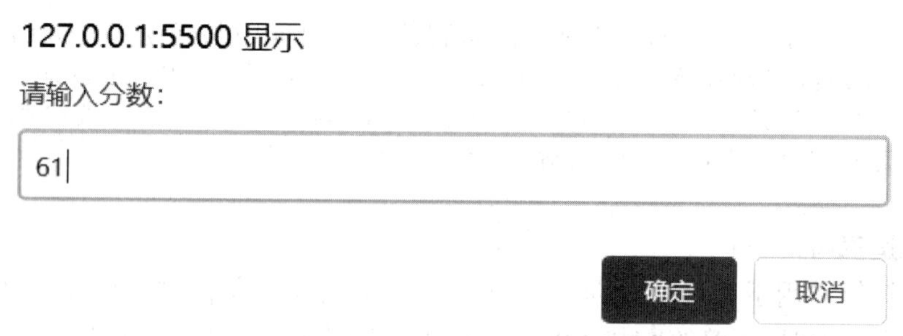

127.0.0.1:5500 显示

请输入分数:

61

确定　　取消

图 2-11　输入进行判断的数值

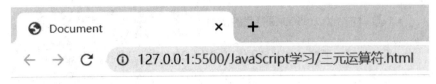

state的结果是：及格

图 2-12　判断后输出的结果

上述 score 变量先用于保存输入的成绩，后对"score>=60"进行判断，当判断的结果为 true 时，在页面中输出"及格"，否则输出"不及格"。

7. 运算符的优先级

介绍了 JavaScript 的各种运算符之后，在进行复杂的表达式运算时，必须要明确表达式中所有运算符参与运算的先后顺序，这种顺序称作运算符的优先级。下面通过表 2-9 列出 JavaScript 中运算符的优先级。

表 2-9　JavaScript 运算符的优先级

优先级	运算符	顺序
1	小括号	（）
2	一元运算符	++ -- !
3	算术运算符	先 * / % 后 + -
4	关系运算符	>、>=、<、<=
5	相等运算符	==、! =、===、! ==
6	逻辑运算符	先 && 后 ||
7	赋值运算符	=
8	逗号运算符	,

除此之外，表达式中还有一个优先级最高的运算符——圆括号，它可以提高圆括号内部运算符的优先级。当表达式有多个圆括号时，最内层圆括号中的表达式优先级最高。通过圆括号改变运算的优先级如示例代码 2-10 所示。

```
示例代码 2-10
    document.write('8 + 6 * 3=' + (8 + 6 * 3) + '<br>'); // 输出结果:26
    document.write('(8 + 6) * 3=' + (8 + 6) * 3); // 输出结果:42
```

在浏览器中输出的结果如图 2-13 所示。

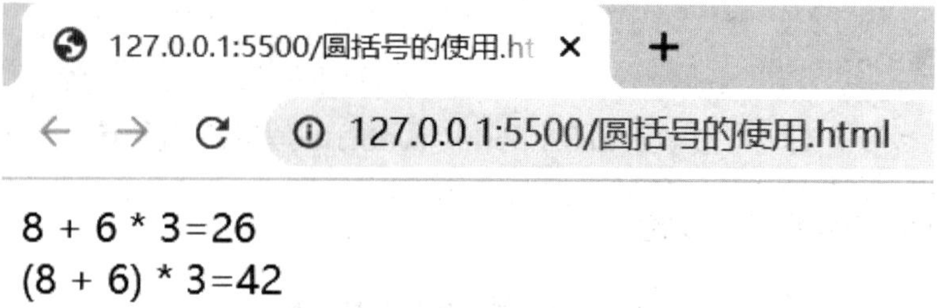

127.0.0.1:5500/圆括号的使用.ht ×   +

← → C   ① 127.0.0.1:5500/圆括号的使用.html

8 + 6 * 3=26
(8 + 6) * 3=42

图 2-13   运算符的优先级输出结果

在上述示例中可见,为复杂的表达式适当添加圆括号,可简化复杂的运算符优先级法则。

技能点五　流程控制

在程序执行过程中,各代码的执行顺序对程序的结果有直接影响。很多时候要通过控制代码的执行顺序来实现要完成的功能。流程控制用来控制代码按照什么顺序执行。在 JavaScript 中流程控制有三种结构:顺序结构、分支结构和循环结构。

1. 顺序结构

顺序结构是程序中最简单、最基本的流程控制。程序会按照代码的先后顺序,依次执行。执行流程如图 2-14 所示。

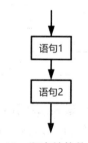

图 2-14   顺序结构执行流程

2. 分支结构

分支结构是根据不同的条件,执行不同的代码,从而得到不同的结果。分支结构包含 if 语句、if else 语句和 if else if 语句。

1)if 语句

if 语句也叫单分支语句,是大多数语言中最常用的一个。语法格式如下。

```
if(表达式){
语句
}
```

其中"表达式"条件可以是任何一个表达式,若"语句"为"真"则执行,否则不执行。 执行流程如图 2-15 所示。

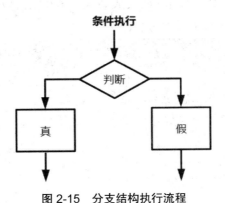

图 2-15　分支结构执行流程

根据表达式的条件输出语句，代码具体实现如示例代码 2-11 所示。

```
示例代码 2-11
var a = 100;
var b = 20;
if(a > b){
    document.write("a =" + a);
    document.write("b =" + b);
}
```

在浏览器中输出的效果如图 2-16 所示。

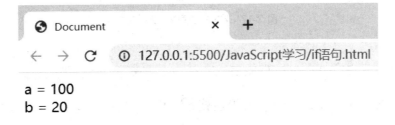

图 2-16　if 语句输出效果

2）if else 语句

if else 语句也叫双分支语句，if else 语句是 if 语句的标准形式。在 if 的基础上加上 else 将使语句更加完整。语法格式如下。

```
if(表达式){
语句 1
} else {
    语句 2
}
```

若"表达式"为"真"则继续执行,如"表达式"为"假",则执行"语句 2"。

例:教师为学生的成绩作一张表,如果成绩大于 60,则为成绩合格,反之,成绩则不合格。代码具体实现如示例代码 2-12 所示。

```
示例代码 2-12
$(function() {
  var grade = prompt('请输入成绩');
  if(grade >= 60) {
    document.write('成绩合格');
  } else {
    document.write('成绩不合格');
  }

  }
)
```

在输入框中输入 60 后输出的效果如图 2-17 至图 2-18 所示。

图 2-17　在输入框中输入"60"

图 2-18　得到的结果

3)if else if 语句

if else if 语句也叫多分支语句,通过判断多个条件来选择不同的语句执行,进而得到不同的结果。语法格式如下。

```
  if(表达式 1){
语句 1
} else if(表达式 2){
    语句 2
}else{
    语句 n
}
```

如果条件"表达式 1"满足就执行"语句 1",执行完毕后,退出整个 if 分支语句;如果条件"表达式 1"不满足,则判断条件"表达式 2",如若满足,执行"表达式 2",以此类推;如果上面的所有条件表达式都不成立,则执行"语句 n"。执行流程如图 2-19 所示。

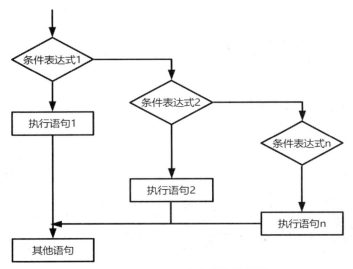

图 2-19   if else if 语句执行流程图

例:教师为学生的成绩作一张表,成绩大于等于 90,等级为优秀;成绩大于等于 80,等级为良好;成绩大于等于 70,等级为良;成绩大于等于 60,等级为及格;成绩小于 60,等级为不及格。代码如示例代码 2-13 所示。

示例代码 2-13

```
var score = prompt('请你输入分数:');
if(score >= 90) {
    alert('优秀');
} else if(score >= 80) {
    alert('良好');
} else if(score >= 70) {
    alert('良');
} else if(score >= 60) {
    alert('及格');
```

```
} else if (score < 60) {
    alert('不及格');
}
```

在输入框中输入"100"后在浏览器中输出的效果如图 2-20 至图 2-21 所示。

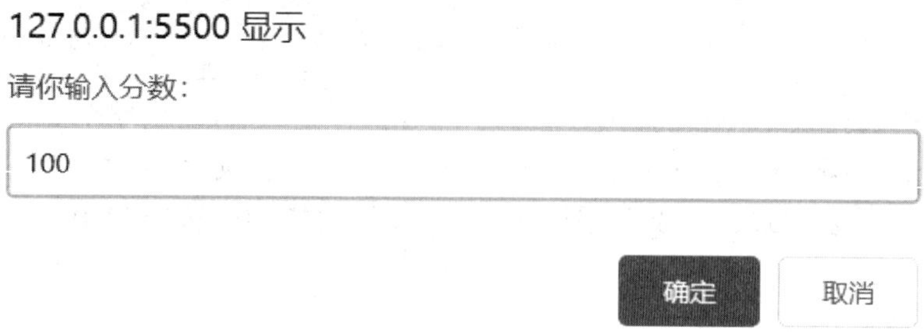

127.0.0.1:5500 显示

请你输入分数:

100

确定   取消

图 2-20   输入"100"

127.0.0.1:5500 显示

优秀

确定

图 2-21   弹出的提示框显示"优秀"

需要注意的是,在整个 if else if 语句当中,只要其中一个条件表达式满足,就会结束整个流程控制。

4)switch 语句

switch 语句和 if 语句相似,并且也是其他语言中使用的较为普遍的一种流程控制语句。一般情况下,if else if 语句和 switch 可以相互替换,语法格式如下。

```
switch (条件表达式) {
  case value : 语句 1
    break;
  case value : 语句 2
    break;
  case value : 语句 3
    break;
  default: 最后语句 n;
}
```

switch 语句的每一种情况(case)的意义是当表达式的值和 value 值相等时,就会执行其后面的语句。使用 break 关键字可以让这个判断结束,如果不加 break 关键字的话,就会使得执行了一个 case 之后，还会继续执行下一个 case。default 关键字用在此表达式不匹配以上任何一个 value 时执行的代码（类似 else）。

例：使用 switch 语句判断成绩档位，代码具体实现如示例代码 2-14 所示。

示例代码 2-14

```
<script>
   var score = parseInt(prompt('请输入分数:') / 10);
   var state = '';
   switch(score){
    case 10:
      state = '满分';
      break;
    case 9:
      state = '优秀';
      break;
    case 8:
      state = '良好';
      break;
    case 7:
      state = '良好';
      break;
    case 6:
      state = '合格';
      break;
    case 5:
      state = '不合格';
      break;
    case 4:
      state = '不合格';
      break;
    case 3:
      state = '不合格';
      break;
    case 2:
      state = '不合格';
      break;
    case 1:
      state = '不合格';
```

```
      break;
    case 0:
      state = '不合格';
      break;
    default:
      alert('请输入正确的分数！')
  }
  document.write(state);
  </script>
```

在输入框中输入"90"后在浏览器中输出的效果如图 2-22 至图 2-23 所示。

图 2-22　在输入框中输入"90"

图 2-23　在浏览器中输出"优秀"

3. 循环结构

1）for 循环

for 循环主要用来控制循环语句的执行，适用于明确知道重复执行次数的情况，即 for 语句将循环次数的变量在 for 语句中预先定义好。语法格式如下。

```
for（初始化变量；条件表达式；操作表达式）{
    循环体
}
```

属性如下。

①初始化变量：使用 var 声明的变量，通常作为计数器使用。

②条件表达式：用来决定每一次循环是否继续执行，就是终止的条件。

③操作表达式：每次循环最后执行的代码，经常用于计数器变量的更新（递增或者递减）。

执行流程如图 2-24 所示。

循环执行
A
YES
判断
NO

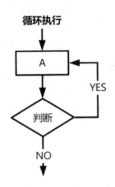

图 2-24　循环结构执行流程

例：输出九九乘法表，代码具体实现如示例代码 2-15 所示。

示例代码 2-15

```
var i,j;
for(i=1;i<=10;i++){
   for(j=1;j<=i;j++){
     document.write(j+"*"+i+"="+i*j);
     document.write("  ");
   }
   document.write("<br>");
}
```

效果如图 2-25 所示。

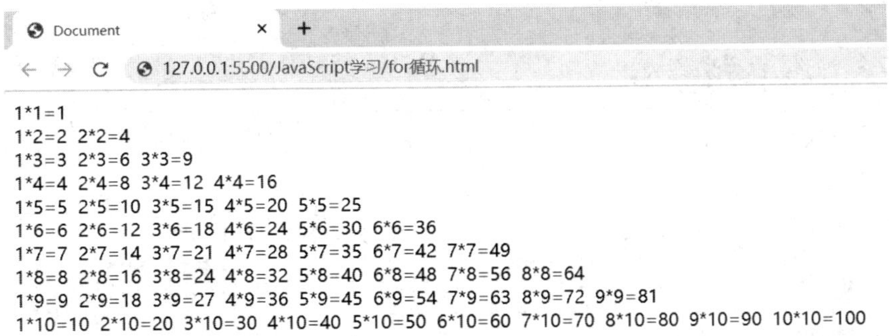

Document
127.0.0.1:5500/JavaScript学习/for循环.html
1*1=1
1*2=2 2*2=4
1*3=3 2*3=6 3*3=9
1*4=4 2*4=8 3*4=12 4*4=16
1*5=5 2*5=10 3*5=15 4*5=20 5*5=25
1*6=6 2*6=12 3*6=18 4*6=24 5*6=30 6*6=36
1*7=7 2*7=14 3*7=21 4*7=28 5*7=35 6*7=42 7*7=49
1*8=8 2*8=16 3*8=24 4*8=32 5*8=40 6*8=48 7*8=56 8*8=64
1*9=9 2*9=18 3*9=27 4*9=36 5*9=45 6*9=54 7*9=63 8*9=72 9*9=81
1*10=10 2*10=20 3*10=30 4*10=40 5*10=50 6*10=60 7*10=70 8*10=80 9*10=90 10*10=100

图 2-25　在浏览器中输出九九乘法表

2）while 语句

while 语句属于前测试循环语句，在循环体内的语句被执行之前，就会进行条件判断，循环体内的代码可能永远都不会被执行。语法结构如下。

```
while（循环条件）{
   循环体

}
```

当循环条件为 true 时,执行循环体;当循环条件为 false 时,结束循环。

例:输出 100 中 3 的倍数,代码如示例代码 2-16 所示。

示例代码 2-16

```
var i=1;
while（i<100）{
   if（i%3==0）{
      document.write（i+" "）;
   }
   i++;
}
```

效果如图 2-26 所示。

图 2-26　在浏览器中循环输出

在上面的例子里,变量 i 被初始化为 0,只要 i 小于 10,这个循环就会一直执行。

3）do-while 语句

do-while 语句是属于一种后测试循环语句,只有循环体中的代码执行之后,才会执行判断条件。无论条件是真或假,循环体内的代码都会被至少执行一次。语法格式如下。

```
do {
   语句
} while（条件表达式）;
```

先执行一次循环体,然后再进行条件判断;如果为 true,执行循环体;如果为 false,结束循环。

例:通过使用 do-while 语句计算 1-100 的和,如示例代码 2-17 所示。

示例代码 2-17

```
var i = 1;
var sum = 0;
do {
```

```
    sum+=i;
    i++
}while(i<=100);
document.write("1-100 的和是:"+sum);
```

效果如图 2-27 所示。

1-100的和是：5050

图 2-27　在浏览器中输出 1-100 的和

这个例子中,如果 i 的值小于 100,这个循环就会一直进行下去。变量 i 赋值为 1,每次执行循环都会递增 2。

4)break 和 continue 语句

break 和 continue 语句用在循环中控制代码执行。执行 break 语句会立即退出循环,强制继续执行循环之后的代码。执行 continue 语句虽然会退出循环,但它只是退出本次循环,而不是像 break 一样,直接结束整个循环。

例:计算 i%5 时,程序会循环多少次。如示例代码 2-18 所示。

示例代码 2-18

```
var num = 0;
for(var i = 1; i < 10; i++){
 if(i % 5 == 0){
   break;
 }
 num ++;
}
alert(num); // 4
```

效果如图 2-28 所示。

127.0.0.1:5500 显示

4

确定

图 2-28　弹出最后的 num 值"4"

循环会把 i 变量由 1 递增至 10。循环体内部有一个 if 语句用来检查 i 的值是不是可以被 5 整除。当 i 被 5 整除时,就会执行 break 语句,退出整个循环。变量 num 是从 0 开始的,用来记录循环执行的次数。执行了 break 语句之后,下面就会执行循环之外的 alert(),弹出的警示框显示的结果是 4。在变量 i 递增至 5 时 if 语句的判断为 true,则在循环进行到第 4 次时,被 break 语句中断,执行了 alert()。

例:用 break 替换 continue,计算 i%5,程序会循环多少次,如示例代码 2-19 所示。

```
示例代码 2-19

  var num = 0;
  for (var i = 1; i < 10; i++) {
   if (i % 5 == 0) {
    continue;
   }
   num ++;
  }
  alert(num);  // 8
```

效果如图 2-29 所示。

127.0.0.1:5500 显示

8

确定

图 2-29　弹出最后的 num 值"8"

结果输出为 8,就相当于这个程序循环 8 次,当 i 被 5 取余为 0 时,程序自动跳过。

break 和 continue 语句都可以和 label 语句一起使用,进而返回到代码中特定的位置。

例:使用 break 和 label 组合语句,计算 num 的值,如示例代码 2-20 所示。

```
示例代码 2-20

  var num = 0;
  outermost:
  for (var i = 0; i < 10; i++) {
   for (var j = 0; j < 10; j++) {
    if (i == 5 && j == 5) {
     break outermost;
    }
    num++;
   }
  }
  alert(num);  // 55
```

效果如图 2-30 所示。

127.0.0.1:5500 显示

55

确定

图 2-30　弹出最后的 num 值"55"

上面这个代码段中，outermost 标签表示外部的 for 语句。当程序正常循环时 num++ 就会被执行 100 次。如果这两个循环都自然结束，那么 num 的值应该是 100。内部的循环有一个 break 语句带了一个返回去的标签参数。这个标签不仅退出内部的循环，也会退出外部的循环，所以在 i 和 j 都等于 5 时，num 的值正是 55。

技能点六　数组

1. 数组的创建方法

当需要使用多个值时，就可以使用数组来保存它们，这样更加简洁和方便。比如用来保存一个班级的同学姓名时，直接初始化一个变量为 [] 值，创建一个空的数组，它的值用逗号隔开，字符串需要加引号包裹。创建一个空数组如示例代码 2-21 所示。

```
示例代码 2-21
// 利用数组字面量 "[]" 来创建数组
var arr = []; // 创建了一个空的数组
var arr1 = [1, 2, ' 张三 ', true];
document.write('typeof arr=' + typeof arr + '<br>');
document.write('arr1=' + arr1);
```

在浏览器中输出的结果如图 2-31 所示。

typeof arr=object
arr1=1,2,张三,true

图 2-31　在浏览器中输出的结果

2. 获取数组中的元素

索引用来访问数组元素的序号（数组索引从 0 开始）。可以利用数组名 [索引] 的形式来获取数组中的元素。通过索引号输出数组内容如示例代码 2-22 所示。

示例代码 2-22

```
var arr1 = [' 张三 ', ' 李四 ', ' 王五 ', ' 赵六 ']
// 对应的索引号是 0, 1, 2, 3
document.write(arr1 + '<br>');
document.write(arr1[2] + '<br>'); // 输出 王五
document.write(arr1[3] + '<br>'); // 输出 true
var arr2 = [' 张三 ', ' 李四 ', ' 王五 '];
document.write(arr2[0] + '<br>');
document.write(arr2[1] + '<br>');
document.write(arr2[2] + '<br>');
document.write(arr2[3]);
// 因为这个索引号下没有声明对应的值 所以结果是 undefined
```

在浏览器中输出的结果如图 2-32 所示。

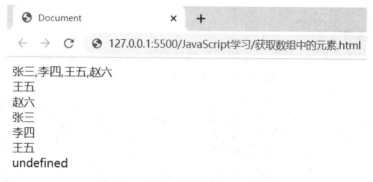

图 2-32　通过索引号输出数组内容

3. 修改数组索引新增数组元素

可以通过修改数组索引的方式追加数组元素,但是不能直接给数组名赋值,否则会覆盖以前的数据。使用索引号的方法在数组中新增元素如示例代码 2-23 所示。

示例代码 2-23

```
var arr1 = [' 张三 ', ' 李四 ', ' 王五 '];
arr1[3] = ' 赵六 ';
document.write(arr1 + '<br>');
arr1[4] = ' 张三三 ';
document.write(arr1 + '<br>');
arr1[0] = ' 张三被替换了！'; // 这里是替换原来的数组元素
document.write(arr1 + '<br>');
arr1 = ' 被覆盖了 '; // 这样会把先前数组内容覆盖
document.write(arr1); // 输出 ' 被覆盖了 '
```

在浏览器中输出的结果如图 2-33 所示。

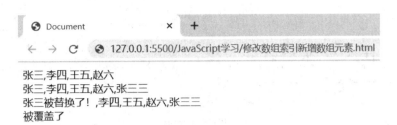

张三,李四,王五,赵六
张三,李四,王五,赵六,张三三
张三被替换了!,李四,王五,赵六,张三三
被覆盖了

图 2-33 通过索引号添加新的数组元素

4. 查找最大值与最小值

若要获取保存在数组中的最大值和最小值,可以在遍历数组时,利用 if 对相邻元素进行判断,将最大值与最小值记录下来。如示例代码 2-24 所示。

```
示例代码 2-24
    var arr = [7, 75, 76, 65, 92, 100, 17];
    var min = max = arr[0]; // 初始化最大值与最小值的容器
    for (var i = 1; i < arr.length; ++i) {
      if (arr[i] > max) {
        // 如果数组中第 i 个元素比当前值大则将它赋值给 max
        max = arr[i];
      }
      if (arr[i] < min) {
        // 如果数组中第 i 个元素比当前值小则将它赋值给 min
        min = arr[i];
      }
    }
    document.write(' 被查找数组:' + arr + '<br>');
    document.write(' 最小值 =' + min + '<br>');
    document.write(' 最大值 =' + max);
```

在上述代码中,第 1 行新建一个待查找的数组 arr,第 2 行定义了两个变量 min 和 max,分别用于保存最小值和最大值,并利用假设法将 arr 中的第一个元素当作它们的初始值。接下来通过第 3 至 10 行代码从 arr 数组的第 2 个元素开始遍历(其中使用数组名 .length 属性获得数组的长度)并与 min 和 max 变量进行比较,只要有大于 max 或小于 min 的元素,就用该元素替换 max 或 min 变量的值。最后在页面中打印出查找的结果,如图 2-34 所示。

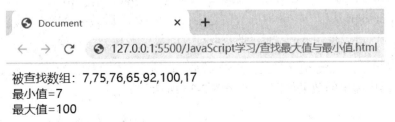

被查找数组: 7,75,76,65,92,100,17
最小值=7
最大值=100

图 2-34 查找最大最小值

通过以上内容的学习,本任务将通过实现一个"计算器"效果案例来巩固 JavaScript 基本数据的使用。具体操作步骤如下。

第一步:点击创建并保存为计算器 .html 文件,并写入 html 基本结构和 script 标签,如示例代码 2-25 所示。

示例代码 2-25

```
<! DOCTYPE html>
<html lang='en'>
<head>
<meta charset='UTF-8'>
<meta name='viewport' content='width=device-width, initial-scale=1.0'>
<title>Document</title>
</head>
<body>
<script>


</script>
</body>
</html>
```

第二步:弹出窗口让用户输入第一个操作数,并将保存好的第一个操作数打印在第二个弹窗中,如示例代码 2-26 所示。

示例代码 2-26

```
<script>
// 获取第一个被操作数
var num1 = parseFloat(prompt(' 请输入第一个数:'));
// 获取第二个被操作数
var num2 = parseFloat(prompt(' 第一个数为:' + num1 +'。请输入第二个数:'));
// 由于 prompt 从用户方获取的数值是字符型的,对之后的运算操作有影响,用户也可
能会输入小数,所以使用 parseFloat 把获取过来的数值转换为浮点型。
</script>
```

在浏览器中输出的效果如图 2-35 至图 2-36 所示。

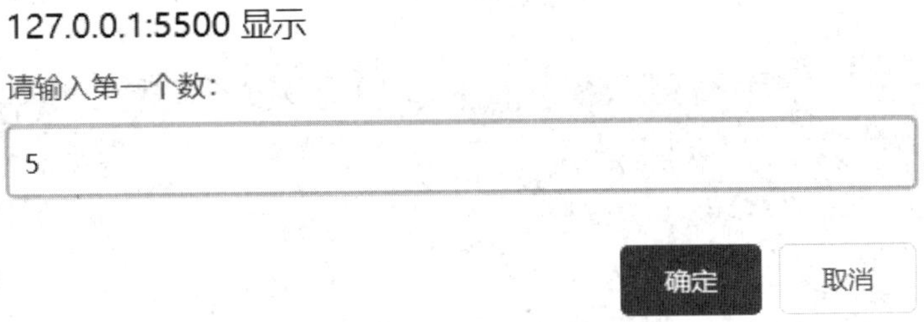

127.0.0.1:5500 显示

请输入第一个数:

5

确定 取消

图 2-35 按照提示输入第一个数

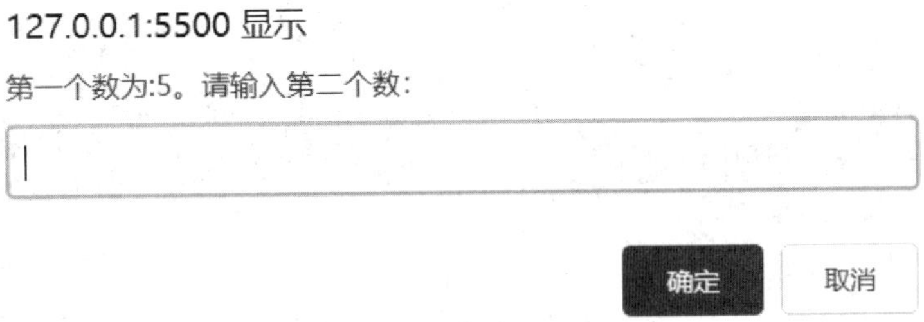

127.0.0.1:5500 显示

第一个数为:5。请输入第二个数:

|

确定 取消

图 2-36 按照提示输入第二个数

第三步:弹出窗口让用户输入序号,安排序号 1 为加法,2 为减法,3 为乘法,4 为除法,5为取余操作,如示例代码 2-27 所示。

示例代码 2-27

```
<script>
    var how = parseInt(prompt('请选择需要对 ' + num1 + ' 与 ' + num2 + ' 进行的操作:
(相加请输入 1,相减请输入 2,相乘请输入 3,相除请输入 4,取余操作请输入 5)'));
    // 同理,也需要对 prompt 的取值进行数据类型的转换,不过这次不涉及小数的问
题,所以使用了 parseInt 来进行类型的转换。
</script>
```

在浏览器中输出的效果如图 2-37 所示。

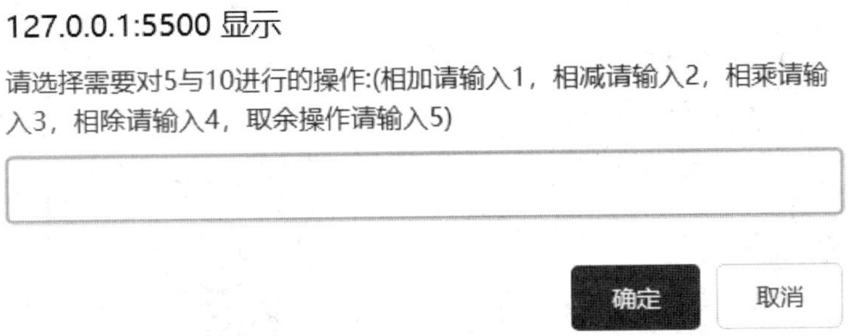

127.0.0.1:5500 显示

请选择需要对5与10进行的操作:(相加请输入1,相减请输入2,相乘请输入3,相除请输入4,取余操作请输入5)

确定 取消

图 2-37 输入需要进行的操作

第四步：通过获取到的序号选择需要进行的运算并将结果输出在页面中，如示例代码 2-28 所示。

示例代码 2-28

```
<script>
 switch (how) {
  case 1:
   // 加法运算
   document.write(num1 + '+' + num2 + '=' + (num1 + num2).toFixed(2));
   break;
  case 2:
   // 减法运算
   document.write(num1 + '-' + num2 + '=' + (num1 - num2).toFixed(2));
   break;
  case 3:
   // 乘法运算
   document.write(num1 + 'x' + num2 + '=' + (num1 * num2).toFixed(2));
   break;
  case 4:
   // 除法运算
   document.write(num1 + '÷' + num2 + '=' + (num1 / num2).toFixed(2));
   break;
  case 5:
   // 取余操作
   document.write(num1 + ' 对 ' + num2 + ' 取余的结果为: ' + (num1 % num2).to-
Fixed(2));
   break;
 }
</script>
```

在浏览器中输出的效果如图 2-38 至图 2-39 所示。

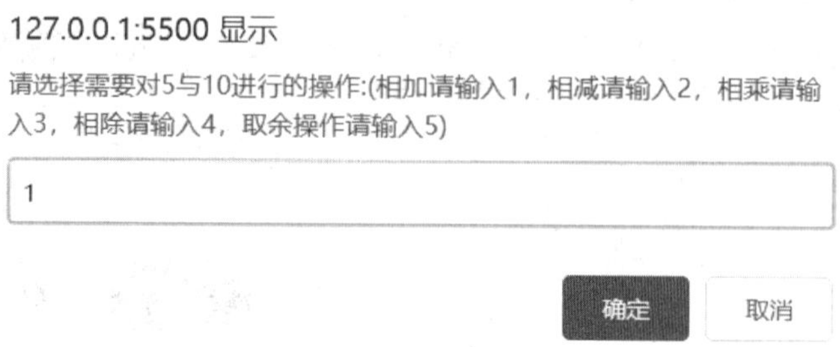

图 2-38　输入数字 1

5+10=15.00

图 2-39 通过用户输入的序号在浏览器中输出运算结果

第五步：给计算器添加限制条件并在用户输入了超出限制的数字时弹出警示框，如示例代码 2-29 所示。

示例代码 2-29

```
<script>
// 第一步：通过声明变量并将它的值初始化为用户输入的值。示例代码如下所示。
// 获取第一个被操作数
var num1 = parseFloat(prompt('请输入第一个数:'));
if(isNaN(num1) || num1 > 99999999) {
  alert('请输入正确的数值！');
} else {
  // 获取第二个被操作数
  var num2 = parseFloat(prompt('第一个数为:' + num1 + '。请输入第二个数:'));
  if(isNaN(num2) || num2 > 99999999) {
    alert('请输入正确的数值！');
  } else {
    // 第二步：让用户选择需要对两个数进行的操作。示例代码如下所示。
    var how = parseInt(prompt('请选择需要对 '+ num1 +' 与 ' + num2 +' 进行的操
作:(相加请输入 1,相减请输入 2,相乘请输入 3,相除请输入 4,取余操作请输入 5)'));
    // 同理,也需要对 prompt 的取值进行数据类型的转换,不过这次不涉及小数的问
题,所以使用了 parseInt 来进行类型的转换。
    switch(how) {
      case 1:
      // 加法运算
      document.write(num1 + '+' + num2 + '=' + (num1 + num2).toFixed(2));
      break;
      case 2:
      // 减法运算
      document.write(num1 + '-' + num2 + '=' + (num1 - num2).toFixed(2));
      break;
```

```
        case 3：
            // 乘法运算
            document.write（num1 + '×' + num2 + '=' + (num1 * num2).toFixed(2)）;
            break;
        case 4：
            // 除法运算
            document.write（num1 + '÷' + num2 + '=' + (num1 / num2).toFixed(2)）;
            break;
        case 5：
            // 取余操作
            document.write（num1 + '对' + num2 + '取余的结果为：' + (num1 % num2).to-
Fixed(2)）;
            break;
        default:
            // 输入了 1 到 5 以外的数的时候需要进行的提示
            alert（'请输入正确的操作编号！'）
        }
    }
}
</script>
```

在浏览器中输出的效果如图 2-40 至图 2-41 所示。

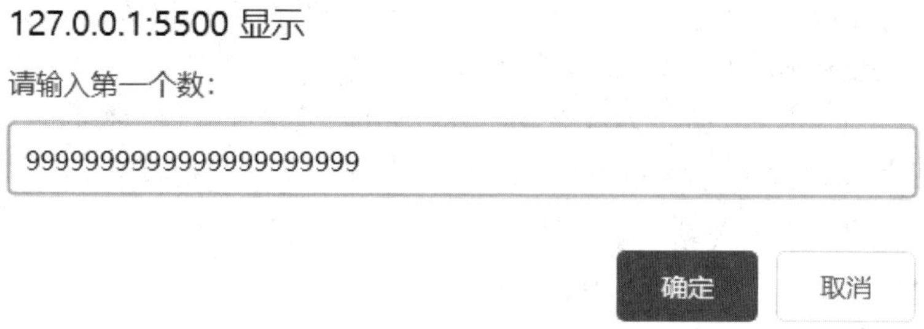

127.0.0.1:5500 显示

请输入第一个数：

99999999999999999999999

确定   取消

图 2-40　输出超出限额数值

127.0.0.1:5500 显示

请输入正确的数值!

确定

图 2-41　输入超出范围的值后弹出提示框

至此一个 JavaScript 的简单计算器程序就编写完成了。

本项目通过对"计算器"计算功能的实现,对 JavaScript 的数据类型有了初步的了解,并详细介绍了 JavaScript 中运算符、流程控制语言以及数组的使用方法,培养使用 JavaScript 完成数据操作的能力。

Boolean	布尔类型	break	结束循环
Max	最大值	continue	结束本次循环
Min	最小值	String	字符串类型
Var	声明变量	switch	分支语句
if	判断语句	Null	空类型

一、选择题

1. 下列表示单行注释的是(　　)。

A. //　　　　　　　B. /*　　　　　　　C. /* */　　　　　　　D. */

2. 下列属于关键字的是(　　)。

A. class　　　　　　B. int　　　　　　　C. String　　　　　　D. double

3. Number 属于什么类型数据(　　)。

A. 空类型　　　　　　B. 布尔类型　　　　　C. 数值类型　　　　　D. 字符串类型

4. % 运算符代表(　　)。

A. 除法　　　　　　　B. 除余　　　　　　　C. 求商　　　　　　　D. 减法

5. 无论条件是否正确,都先执行一次的循环是(　　)。

A. while 循环　　　　B. do-while 循环　　　C. for 循环　　　　　D. if 语句

二、填空题

1. 可以使用＿＿＿＿＿＿＿关键字查看数据类型。

2. 声明的自定义变量名不能为＿＿＿＿＿＿＿和＿＿＿＿＿＿＿。

3. 根据运算符的作用,可以将运算符分为＿＿＿＿＿＿＿、字符串运算符、赋值运算符、比较运算符、逻辑运算符和＿＿＿＿＿＿＿六种。

4. JavaScript 中流程控制有三种结构:＿＿＿＿＿＿＿、分支结构和循环结构。

5. ＿＿＿＿＿＿＿用来访问数组元素的序号。

项目三　函数与对象

在 JavaScript 中函数是用来实现具体功能的代码，对象是由属性和方法组成的。所有的函数都是一个对象，所有的对象都可以用构造函数创建。本讲通过对日历日期的实现，学习 JavaScript 函数与对象的相关知识。在任务实现过程中：

● 了解什么是函数；
● 熟悉内置对象的作用；
● 掌握 window 对象和 DOM 对象的使用；
● 培养应用函数编写相关程序的能力。

课程思政

【情境导入】

函数就是将特定功能的代码抽取出来,使之成为程序中的一个独立实体,并加以命名 (函数名)。我们可以根据代码需要,将特定的功能用函数来包裹,它可以在同一程序或其 他程序中多次重复使用,使程序简洁且易维护。本项目主要通过日历案例的实现,来学习 JavaScript 函数的定义与使用。

【功能描述】

● 编写 HTML 页面代码。
● 编写外部 CSS 文件。
● 编写外部 JS 文件。
● 运行程序实现对应的结果。

技能点一 函数

函数是可以通过外部代码调用的一个"子程序",像程序本身一样,一个函数由被称为 函数体的一系列语句组成。在 JavaScript 语法中,函数是一个 function 对象,是包裹在大括 号中的代码块,使用关键词 function 定义函数,与其他对象定义函数一样具有属性和方法。 当调用该函数时,计算机会执行函数内的代码。

1. 函数的定义

在 JavaScript 中函数是一段可以重复调用的代码块,用于接收相应的参数并可以返回 对应的值,在数据类型中属于"function"。函数也拥有属性和方法,因此函数也是对象。在 JavaScript 中有三种声明函数的方法:function 命令、函数表达式和 Function 构造器,如图 3-1 所示。

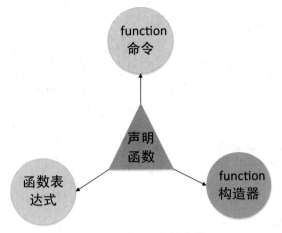

图 3-1 声明函数的方式

1）function 命令

function 命令后面是函数名，函数名后面是一对圆括号，圆括号里面是传入函数的参数，函数体放在大括号里面，具体方式如下所示。

```
function 函数名（参数 1，参数 2，参数 3）{
    函数体
    return 返回值
}
```

fuction：定义函数关键字。

函数名：可由大小写字母、数字、下划线（_）和 $ 符号组成，但是函数名不能以数字开头，而且不能是 JavaScript 中的关键字。

参数：外界传递给函数的值，是可选的，多个参数之间使用"，"分隔。

函数体：用于实现特殊功能的主体，由一条或者多条语句组成。

返回值：调用函数后若想得到处理结果，在函数体中可用 return 关键字返回。

function 命令声明的代码区块，就是一个函数。定义一个函数，如示例代码 3-1 所示。

```
示例代码 3-1
function add（x, y）{
    console.log（x + y）
}
add（3,4）;//7
```

上述代码定义了一个 add 函数，输出两个数字相加的和，以后使用 add（）这种形式，就可以直接调用相应的代码。

2）函数表达式

除了用 function 命令定义函数，还可以采用变量赋值的方法。这种方法是将一个匿名函数赋值给变量。此时，这个匿名函数又称函数表达式（Function Expression），因为赋值语句的等号右侧只能放表达式。具体方式如下。

```
name = function（参数 1，参数 2，参数 3）{
    要执行的代码
};
```

当采用函数表达式定义函数时，function 命令后面不带有函数名。如果加上函数名，该函数名只在函数体内部有效，在函数体外部无效，如示例代码 3-2 所示。

示例代码 3-2

```
let add=function add（x，y）{
    console.log（add）
};
console.log（add）// 报错  未定义
add（3，4）;// 输出函数本身
```

在上述代码的函数表达式中，加入了函数名 add。此 add 只在函数体内部可用，指代函数表达式本身，其他地方都不可用。

3）Function 构造器

使用 Function 构造方法创建的函数，同函数声明产生的函数是完全相同的。这种方法可以传递任意数量的参数给 Function 构造函数，只有最后一个参数会被当作函数体，其他参数表示参数名。如果只有一个参数，该参数就是函数体。

JavaScript 函数构造器（Function（））定义可以参考示例代码 3-3 或示例代码 3-4。

示例代码 3-3

```
var myFunction = new Function（"a", "b", "return a * b"）;
var x = myFunction（4, 3）;
```

示例代码 3-4

```
var myFunction = function（a, b）{return a * b};
var x = myFunction（4, 3）;
```

把 Function 的构造函数当作函数一样调用（不使用 new 操作符）的效果与作为 Function 的构造函数调用一样。

注意：不推荐使用 Function 构造函数创建函数，因为它需要的函数体作为字符串可能会阻止一些 JS 引擎优化，还会引起其他问题。

2. 函数的调用

在函数被定义时，函数内部的代码不会执行，只有在函数被调用时，函数内部的代码才会被执行。调用函数通常也可以说"启动函数"或"执行函数"。调用函数的方法主要有：以函数形式调用函数、作为方法调用函数、通过函数构造器调用函数以及使用 call 和 apply 调用函数。

1）以函数形式调用函数

函数调用是最常见的形式，也是最好理解的形式。所谓函数形式就是声明函数后直接调用，如示例代码 3-5 所示。

示例代码 3-5

```
var func = function ( ) {
  alert(" 你好，程序员 ");
};
func ( );
```

上述代码会在浏览器中弹出一个对话框，显示字符串中的文字。

2）作为方法调用函数

在 Javascript 中可以将函数定义为对象的方式，如示例代码 3-6 所示。

示例代码 3-6

```
var myObject = {
  firstName:" 李 ",
  lastName： " 明 ",
  fullName: function ( ) {
    return this.firstName + " " + this.lastName;
  }
}
myObject.fullName ( );      // 返回 " 李明 "
```

上述代码中 fullName 方法是一个函数，函数属于对象。 myObject 是函数的所有者。实例中 this 的值为 myObject 对象。

更改上述代码，修改 fullName 方法并返回 this 值，如示例代码 3-7 所示。

示例代码 3-7

```
var myObject = {
  firstName:" 李 ",
  lastName： " 明 ",
  fullName： function ( ) {
    return this;
  }
}
myObject.fullName ( );      // 返回 " 李明 "
```

此时，函数作为对象方法调用，会使 this 的值成为对象本身。

3）通过函数构造器调用函数

使用 new 关键字来调用函数，即构造函数，如示例代码 3-8 所示。

示例代码 3-8

```
// 构造函数：
function myFunction（arg1，arg2）{
```

```
    this.firstName = arg1;
    this.lastName  = arg2;
}
// This creates a new object
var x = new myFunction("John","Doe");
x.firstName;                        // 返回 "John"
```

构造函数的调用会创建一个新的对象,新对象会继承构造函数的属性和方法。构造函数中 this 关键字没有任何值。this 的值在函数调用实例化对象(new object)时创建。也就是指向了新创建的那个对象。

4)使用 call()和 apply()调用函数

call()和 apply()是预定义的函数方法。两个方法可用于调用函数,并且两个方法的第一个参数必须是对象本身,如示例代码 3-9 所示。

示例代码 3-9

```
function myFunction(a, b) {
    return a * b;
}
myFunction.call(this, 5, 3);       // 15

function myFunction(a, b) {
    return a * b;
}
myArray = [5,3];
myFunction.apply(this, myArray);  //15
```

call()方法使用它自有的实参列表作为函数的实参,apply()方法要求以数组的形式传入参数。apply()方法第一个参数是改变后的调用对象,第二个参数是将函数参数以数组形式传入 [ ],而 call()第一个参数与 call()方法相同,第二个参数是原来参数序列。

3. 函数的属性和方法

1)name 属性

name 属性主要是用于获取函数的原始名称,如示例代码 3-10 所示。

示例代码 3-10

```
function f(){}
console.log(f.name);//f

let f2=function(){};
console.log(f2.name);//f2
```

```
let f4=function f3（）{};
console.log（f4.name）; //f3
```

2）length 属性

函数的 length 属性返回函数预期传入的参数个数，即函数定义之中的参数个数，如示例代码 3-11 所示。

示例代码 3-11

```
function f（）{}
console.log（f.length）; //0

let f2=function（a,b）{};
console.log（f2.length）; //2

let f4=function f3（a）{};
console.log（f4.length）; //1
```

3）toString（）方法

该方法将函数作为一个字符串返回，输出函数的内容（一切内容，包括注释），如示例代码 3-12 所示。

示例代码 3-12

```
function add（x,y）{
    let a=x;
    let b=y;
    console.log（x+y）
}
console.log（add.toString（））// 输出函数本身
console.log（Math.ceil.toString（））
// 对于那些原生的函数, toString（）方法返回 function（）{[native code]}
```

4. 函数作用域

作用域（scope）指的是变量存在的范围。在 ES5 的规范中，JavaScript 只有两种作用域：一种是全局作用域，变量在整个程序中一直存在，所有地方都可以读取；另一种是函数作用域，变量只在函数内部存在。ES6 又新增了块级作用域。

1）全局作用域

全局作用域，在任何地方都可以访问，如示例代码 3-13 所示。

示例代码 3-13

```
    let age='18';
    function getAge（）{
    console.log（age）
```

```
        }
    console.log（age）;//18
    getAge（）;// 18 age 全局作用域 函数内部也可访问
```

2）函数作用域

函数作用域,只在函数内部可以访问,如示例代码 3-14 所示。

示例代码 3-14

```
    function getAge（）{
        var age='qzy';
        console.log（age）
    }
    getAge（）//qzy
    console.log（age）// age 未定义 函数内部定义的变量 只有函数内部可以访问
```

技能点二　内置对象

对象是一种特殊的数据类型（object）,JavaScript 中的所有事物都是对象,其拥有一系列的属性和方法,分为内置对象和自定义对象。内置对象指语言自带的一些对象,供开发者使用,这些对象提供了一些常用的或是最基本而必要的功能,例如字符串、数值、数组、函数等。JavaScript 中常用的内置对象如表 3-1 所示。

表 3-1　内置对象

内置对象	描述
String 对象	用来支持字符串的处理
Math 对象	用于执行数学函数,不能加以实例化
Date 对象	提供了一种方式来处理日期和时间

除了 JS 本身提供的内置对象外,用户还可以自己创建对象,这种由用户自己创建的对象被称为自定义对象。（自定义的说明请参考项目四）

1.String 对象

String 对象用来支持字符串的处理。String 对象是文本值的包装器。除了存储文本,String 对象还包含一个属性和各种方法,用来操作或收集有关文本的信息。String 对象不需要进行实例化便能够使用。

1）属性

length:用于获取字符串对象的长度,如示例代码 3-15 所示。

示例代码 3-15

```
<! DOCTYPE html>
<html lang="en">
<head>
  <meta charset="UTF-8">
  <meta name="viewport" content="width=device-width, initial-scale=1.0">
  <meta http-equiv="X-UA-Compatible" content="ie=edge">
  <title>String 对象 </title>
  <script>
    onload=function（）{
      var btn=document.querySelector（"input[type='button']"）;
      var len=document.querySelector（"input[type='text']"）;
      btn.onclick=function（）{
       alert（" 字符串长度:"+len.value.length）;
      };
    };
  </script>
</head>
<body>
  <input type="text" id="len"/>
  <input type="button" value=" 获取字符串长度 " id="btnLength" />
</body>
</html>
```

运行以上代码,在页面的文本框中输入"1234"时,运行结果如图 3-2 所示。

图 3-2　输入文本的运行结果

再次运行代码,文本框中不输入任何内容,运行结果如图 3-3 所示。

图 3-3　未输入内容的运行结果

2）方法

在 String 对象中有许多方法可用于操作和收集有关文本的信息。表 3-2 为 String 对象中的一些常用方法。

表 3-2   String 对象常用方法

方法名称	说明
charAt（index）	返回指定位置的字符
indexOf（str,index）	查找某个指定的字符串在字符串中首次出现的位置
substring（index1,index2）	返回位于指定索引 index1 和 index2 之间的字符串,并且包括索引 index1 对应的字符,不包括索引 index2 对应的字符
split（str）	将字符串分割为字符串数组
toLowerCase（）	把字符串转换为小写
toUpperCase（）	把字符串转换为大写

通过学习以上方法,完成了一个字符串"a good man is a real man"的定义,然后使用 String 对象常用方法输出对应的结果,如示例代码 3-16 所示。

示例代码 3-16

```
<! DOCTYPE html>
<html lang="en">
<head>
  <meta charset="UTF-8">
  <meta name="viewport" content="width=device-width，initial-scale=1.0">
  <meta http-equiv="X-UA-Compatible" content="ie=edge">
  <title>String 对象 </title>
  <script>
    onload=function（）{
      var btn=document.querySelector（"input[type='button']"）;
      var len=document.querySelector（"input[type='text']"）;
      var btnMethod=document.querySelector（"input[name='method']"）;
      var writeDiv=document.querySelector（"#printMethod"）;
      // 方法
      btnMethod.onclick=function（）{
      // 定义一个字符串
      var str="a good man is a real man";
      // 1、CharAt 返回字符串中指定位置的字符
      var charAt=str.charAt（5）;
      // 2、indexOf 查找某个指定的字符串在字符串中首次出现的位置
```

```
            // 如果能查到则返回所在字符串中的位置,如果查询不到则返回 -1
            var str1=str.indexOf("m");
            var str2=str.indexOf("woman"); // 返回 -1
            // 查找字符串中下标为 8 以后的字符串中 man 首次出现的位置
            var str3=str.indexOf("man",8);
            //3、substring(index1,index2)返回位于指定索引 index1 和 index2 之间的字
符串
            // 并且包括索引 index1 对应的字符,不包括索引 index2 对应的字符
            var substr=str.substring(3,7);// 返回索引从 3 到 7 之间的字符串
            // 省略第二个参数则表示一直到字符串的末尾
            var substr2=str.substring(6);
            //4、split(str)将字符串分割为字符串数组
            var strs=str.split("");// 用 "|" 分割数组
            //5、toLowerCase()将字符串转换为小写字母
            var lowerStr=str.toLowerCase();
            //6、toUpperCase()将字符串转换为大写字母
            var upperStr=str.toUpperCase();

            var strTemp=" 位置为 5 的字符串:"+charAt+"<br />";
            strTemp+=" 字符 m 出现的位置:"+str1+"<br />";
            strTemp+=" 字符串 woman 出现的位置:"+str2+"<br />";
            strTemp+=" 索引 8 以后的 man 出现的位置:"+str3+"<br />";
            strTemp+=" 索引 3~7 之间的字符串是:"+substr+"<br />";
            strTemp+=" 索引 6 以后的字符串是:"+substr2+"<br />";
            strTemp+=" 数组:"+strs+"<br />";
            strTemp+=" 小写字母:"+lowerStr+"<br />";
            strTemp+=" 大写字母:"+upperStr+"<br />";
            writeDiv.innerHTML=strTemp;
        };
    };
  </script>
</head>
<body>
  <input type="button" value=" 字符串方法 " name="method" id="btnMethod" />
```

```
<div id="printMethod" style="border: 1px solid red; height: 200px; margin-top: 20px; ">

   </div>
</body>
</html>
```

运行程序，如图 3-4 所示。

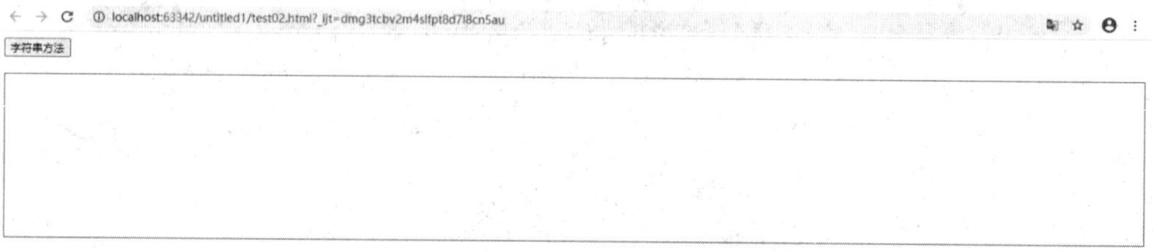

图 3-4　运行程序

点击按钮"字符串方法"，运行结果如图 3-5 所示。

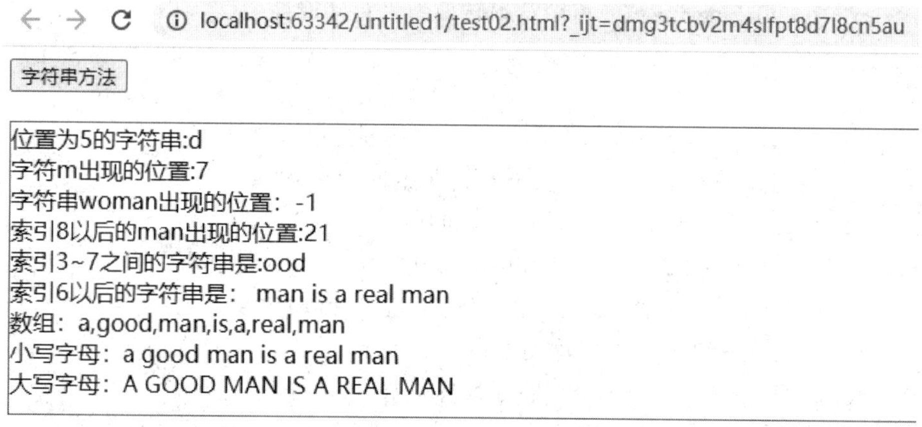

图 3-5　点击"字符串方法"按钮的运行结果

2.Math 对象

Math 对象用于执行数学函数，不能加以实例化，它包含了若干个数字常量和函数。Math 常用方法如表 3-3 所示。

表 3-3　Math 常用方法

方法	说明
ceil（）	对数字进行上舍入
floor（）	对数字进行下舍入
round（）	把数字四舍五入为最接近的整数
random（）	返回 0~1 之间的随机数

使用 Math 对象方法，对一些数字进行操作，如示例代码 3-17 所示。

示例代码 3-17

```html
<! DOCTYPE html>
<html lang="en">
<head>
  <meta charset="UTF-8">
  <meta name="viewport" content="width=device-width, initial-scale=1.0">
  <meta http-equiv="X-UA-Compatible" content="ie=edge">
  <title>Math 对象 </title>
  <script>
    onload=function（）{
      var btn=document.querySelector（"input[name='btnMath']"）;
      var showDiv=document.querySelector（"#show"）;
      btn.onclick=function（）{
        // 上舍入 舍去小数部分,整数部分都加 1
        var str="25.8 的上舍入值:"+Math.ceil（25.8）+"<br />";
        str+="-25.1 的上舍入值:"+Math.ceil（-25.1）+"<br />";
        // 下舍入 舍去小数部分,整数部分不变
        str+="25.8 的下舍入值:"+Math.floor（25.8）+"<br />";
        str+="25.1 的下舍入值:"+Math.floor（25.1）+"<br />";
        str+="-25.8 的下舍入值:"+Math.floor（-25.8）+"<br />";
        str+="-25.1 的下舍入值:"+Math.floor（-25.1）+"<br />";
        // 四舍五入
        str+="25.8 的四舍五入值:"+Math.round（25.8）+"<br />";
        str+="25.1 的四舍五入值:"+Math.round（25.1）+"<br />";
        str+="-25.8 的四舍五入值:"+Math.round（-25.8）+"<br />";
        str+="-25.1 的四舍五入值:"+Math.round（-25.1）+"<br />";
        // 随机数 返回 0~1 之间的随机数
        str+="1~100 的随机数:"+Math.floor（Math.random（）*100）+"<br />";
        showDiv.innerHTML=str;
      };
    };
  </script>
</head>
<body>
  <input type="button" name="btnMath" value="Math 对象常用函数 "/>
```

```
    <div id="show" style="border：1px solid red；height：300px；margin-top：20px；pad-
ding-left：5px；">

    </div>
  </body>
  </html>
```

运行代码，结果如图 3-6 所示。

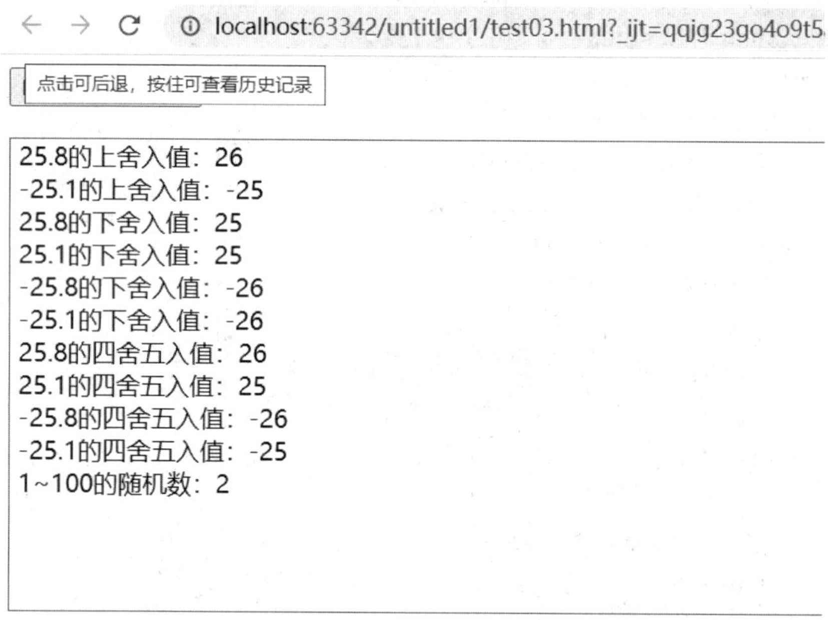

图 3-6   运行结果

3.Date 对象

Date 对象提供了一种方式来处理日期和时间。我们可以用不同的方式对其进行实例化，具体取决于想要的结果。可以在没有参数的情况下对其进行实例化。例如：

```
var myDate = new Date()；
```

或传递 milliseconds 作为一个参数：

```
var myDate = new Date(milliseconds)；
```

也可以将一个日期字符串作为一个参数传递：

```
var myDate = new Date(dateString)；
```

或者传递多个参数来创建一个完整的日期：

```
var myDate = new Date(year, month, day, hours, minutes, seconds, milliseconds)；
```

Date 对象拥有多个方法，对象得到实例化后，便可以使用这些方法。这些方法是用来获取当前时间的特定部分，详情如表 3-4 所示。

表 3-4　Date 常用方法

方法	说明
getDate()	返回 Date 对象的一个月中的某一天,其值介于 1~31 之间
getDay()	返回 Date 对象的星期中的某一天,其值介于 0~6 之间
getHours()	返回 Date 对象的小时数,其值介于 0~23 之间
getMinutes()	返回 Date 对象的分钟数,其值介于 0~59 之间
getSeconds()	返回 Date 对象的秒数,其值介于 0~59 之间
getMonth()	返回 Date 对象的月份,其值介于 0~11 之间
getFullYear()	返回 Date 对象的年份,其值为 4 位数
getTime()	返回自某一刻(例如 2020 年 1 月 1 日)以来的毫秒数

结合以上方法,编写程序,获取当前的具体时间,如示例代码 3-18 所示。

示例代码 3-18

```html
<! DOCTYPE html>
<html lang="en">
<head>
  <meta charset="UTF-8">
  <meta name="viewport" content="width=device-width, initial-scale=1.0">
  <meta http-equiv="X-UA-Compatible" content="ie=edge">
  <title>Date 对象 </title>
  <script>
   onload=function(){
     // 创建 Date 对象
     var date=new Date();
     var btn=document.querySelector("input[name='btnDate']");
     var showDiv=document.querySelector("#show");
     btn.onclick=function(){
       var str=" 当前日期:"+date.getDate()+"<br />";
       str+=" 今天是星期:"+date.getDay()+"<br />";
       str+=" 小时:"+date.getHours()+"<br />";
       str+=" 分钟:"+date.getMinutes()+"<br />";
       str+=" 秒:"+date.getSeconds()+"<br />";
       str+=" 当前月份:"+date.getMonth()+"<br />";
       str+=" 当前年份:"+date.getFullYear()+"<br />";
       str+=" 毫秒数:"+date.getTime()+"<br />";
       showDiv.innerHTML=str;
```

```
      };
    };
  </script>
</head>
<body>
  <input type="button" name="btnDate" value="Date 对象常用函数 " />
  <div id="show" style="border: 1px solid red; height: 300px; margin-top: 20px;
  padding-left: 5px;">

  </div>
</body>
</html>
```

运行程序,具体效果如图 3-7 所示。

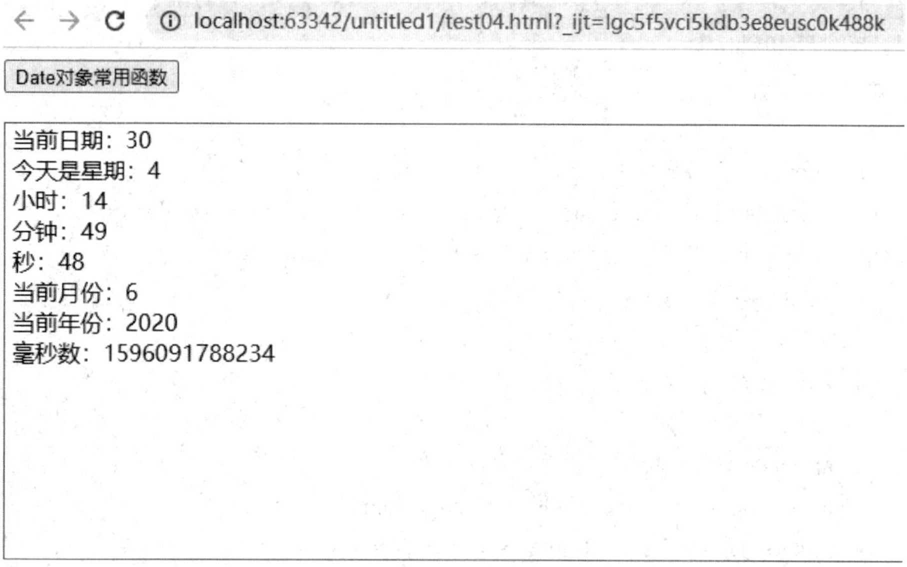

```
←  →  C    ⓘ localhost:63342/untitled1/test04.html?_ijt=lgc5f5vci5kdb3e8eusc0k488k

  Date对象常用函数

  当前日期: 30
  今天是星期: 4
  小时: 14
  分钟: 49
  秒: 48
  当前月份: 6
  当前年份: 2020
  毫秒数: 1596091788234
```

图 3-7　运行效果

技能点三　window 对象

　　window 对象表示一个浏览器窗口或一个框架。window 对象是客户端 JavaScript 的全局对象,所有的表达式都在当前的环境中计算,想要引用当前窗口根本不需要特殊的语法,可以把那个窗口的属性当作全局变量来使用。一个 window 对象实际上就是一个独立的窗口,对于框架页面来说,浏览器窗口的每个框架都包含一个 window 对象。

1.window 对象属性

全局变量是 window 对象的属性，window 对象常用的属性如表 3-5 所示。

表 3-5　window 对象常用的属性

属性	描述
closed	返回窗口是否已被关闭
defaultStatus	设置或返回窗口状态栏中的默认文本
document	对 Document 对象的只读引用
frameElement	获取在父文档中生成 window 的 frame 或 iframe 对象
history	对 History 对象的只读引用
innerHeight	返回窗口的文档显示区的高度
innerWidth	返回窗口的文档显示区的宽度
length	设置或返回窗口中的框架数量
location	用于窗口或框架的 Location 对象
name	设置或返回窗口的名称

2.window 对象方法

全局函数是 window 对象的方法，window 对象常用的方法如表 3-6 所示。

表 3-6　window 对象常用的方法

方法	描述
alert()	显示带有一段消息和一个确认按钮的警告框
blur()	把键盘焦点从顶层窗口移开
clearInterval()	取消由 setInterval()方法设置的 timeout
clearTimeout()	取消由 setTimeout()方法设置的 timeout
close()	关闭浏览器窗口
confirm()	显示带有一段消息以及确认按钮和取消按钮的对话框
createPopup()	创建一个 pop-up 窗口
focus()	把键盘焦点给予一个窗口
moveBy()	可相对窗口的当前坐标把它移动指定的像素
moveTo()	把窗口的左上角移动到一个指定的坐标
open()	打开一个新的浏览器窗口或查找一个已命名的窗口
print()	打印当前窗口的内容

3. window 对象使用

1）打开新窗口

> window.open（pageURL，name，parameters）

上述代码中 pageURL 为子窗口路径，name 为子窗口句柄，parameters 为窗口参数（各参数用逗号分隔）。

> window.open（"http：//www.cnblogs.com/zhouhb/"，"open"，'height=100，width=400，top=0，left=0，toolbar=no，menubar=no，scrollbars=no，resizable=no，location=no，status=no'）；

2）打开模式窗口

> window.showModalDialog（"http：xxxx"，"open"，"toolbars=0；width=200；height=200"）；

3）关闭窗口

如果网页不是通过脚本程序打开的（window.open（）；），调用 window.close（）；脚本关闭窗口前，必须先将 window.opener 对象置为 null，否则浏览器（IE7、IE8）会弹出一个确定是否关闭的对话框，如图 3-8 所示。

图 3-8　对话框

实现代码如示例代码 3-19 和示例代码 3-20 所示。

```
示例代码 3-19
<input type='button' value=' 关闭窗口 ' onClick="closeWindow（）">
<script language="javaScript">
   function closeWindow（）{
      window.opener = null；
      window.open（''，'_self'，''）；
      window.close（）；
   }
</script>
```

示例代码 3-20

```
open(location, '_self').close();
```

4）location 对象使用

```
window.location.reload();// 刷新当前页
window.location.href="http://www.cnblogs.com/zhouhb/"; // 载入其他页面
```

5）history 对象使用

```
window.history.go(1); // 前进
window.history.go(-1); // 后退上一页
```

6）子窗口向父窗口传值

首先编写父窗口，如示例代码 3-21 所示。

示例代码 3-21

```
<! DOCTYPE html>
<head>
    <meta http-equiv="Content-Type" content="text/html; charset=UTF-8" />
    <title> 父窗口 </title>
    <script type="text/javascript">
        var child; // 通过判断子窗体的引用是否为空,可以控制它只能打开一个子窗体
        function opendialog() {
            // 例一 这里用 window 对象作为参数传递(对应子窗口例一)
            //window.showModalDialog("child.html", window, "win", "toolbar=no, scroll-
bars=no, location=no, statusbar=no, menubar=no, resizable=0, width=300, height=80");
            // 例二(对应子窗口例二)
            //window.open("child.html", "Popup", "toolbar=no, scrollbars=no, location=no,
statusbar=no, menubar=no, resizable=0, width=300, height=80");
            // 例三 打开子窗体的同时,对子窗体的元素进行赋值,因为 window.open 函数
同样会返回一个子窗体的引用(对应子窗口例三,此例子不适用)
            if(! child) {
                child = window.open('child.html');
                // 需要等待子窗口加载完成,赋值才能成功
                child.onload = function() {
                    child.document.getElementById('name').value = document.getElementById
('name').value;
                }
            }
            // 例四(对应子窗口例四)
```

```
        //var resultStr = showModalDialog（"child.html"，this，"dialogWidth: 1000px; dia-
logHeight: 800px"）;
            //document.getElementById（'name'）.value = resultStr;
        }
    </script>
</head>
<body>
  <form>
  <input type="text" id="name" value="123" />
  <input type="button" id="open" value="open" onclick="opendialog（）" />
  </form>
</body>
</html>
```

接着创建子窗口,案例代码如下。

```
<! DOCTYPE html>
<head>
    <meta http-equiv="Content-Type" content="text/html; charset=utf-8" />
    <title> 子窗口 </title>
    <script type="text/javascript">
      function updateParent（）{
        // 例一（对应父窗口例一）
        //var pathelem = window.dialogArguments; // 子窗口获取传递的参数
        //if（pathelem ! = undefined）{
        //   pathelem.document.getElementById（"name"）.value = document.getElement-
ById（"name"）.value;
        //}
        // 例二（对应父窗口例一和例二）
        //var pathelem = this.opener.document.getElementById（'name'）;
        //pathelem.value = document.getElementById（'name'）.value;
        // 例三（对应父窗口例三,此例子不适用）
        window.opener.document.getElementById（'name'）.value = document.getElement-
ById（'name'）.value;
        window.opener.child = null;
        // 例四（对应父窗口例四）
        //window.parent.returnValue = document.getElementById（'name'）.value;
        this.close（）;
      }
```

```
    </script>
  </head>
  <body>
    <form>
    <input type="text" id="name" />
    <input type="button" id="update" value=" 更新父窗口 " onclick="updateParent（）" />
    </form>
  </body>
  </html>
```

首先运行父窗口的代码,运行结果如图 3-9 所示。

图 3-9 父窗口的运行结果

默认情况下父窗口页面的文本框中内容为"123",点击"open"按钮跳转到子窗口,结果如图 3-10 所示。

图 3-10 子窗口结果

此时更改子窗口页面中输入框的内容,然后点击"更新父窗口"按钮,具体结果如图 3-11 所示。

图 3-11 更新数据后的结果

点击"open"按钮以后重新回到父窗口页面,同时父窗口页面中输入框的内容改变,与子窗口内容一致,如图 3-12 所示。

图 3-12 传值成功

技能点四　DOM 对象

DOM 是 Document Object Model 的缩写,简称文档对象模型,是基于浏览器编程(也叫 DHTML 编程)的一套 API 接口, JavaScript 结合 DOM 可以做出对应的效果应用与 WEB。 DOM 通常分为三类: DOM Core、HTML-DOM 和 CSS-DOM。需要注意的是 DOM 属于浏览器,而不是 JavaScript 语言规范里规定的核心内容。

1. 认识 DOM

文档对象模型 DOM 定义了访问和操作 HTML 文档的标准方法,把 HTML 文档呈现为带有元素、属性和文本的树结构(节点树)。将 HTML 代码分解为 DOM 节点层次图如图 3-13 所示。

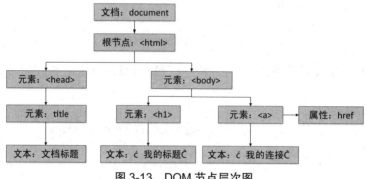

图 3-13　DOM 节点层次图

DOM 树可以展示文档中各个对象之间的关系,用于对象的导航。DOM 是以树状结构组织的 HTML 文档,HTML 文档中每个标签或元素都是一个节点。节点的属性如表 3-7 所示。

表 3-7　节点属性

属性	说明
nodeName	返回一个字符串,其内容是给定节点的名字
nodeType	返回一个整数,这个数值代表给定节点的类型
nodeValue	返回给定节点的当前值

在 DOM 中需要注意:

①整个文档是一个文档节点;

②每个 HTML 标签是一个元素节点;

③包含在 HTML 元素中的文本是文本项目点;

④每个 HTML 属性是一个属性节点;

⑤注释属于注释节点。

2. 访问节点的方式

使用 DOM 访问 HTML 文档的节点主要有两种方式：一种是使用 getElement 系列方法访问节点，另外一种是根据节点的层次关系访问节点。

1）使用 getElement 系列方法访问节点

使用 getElement 系列方法访问指定节点的方法如表 3-8 所示。

表 3-8　使用 getElement 系列方法访问指定节点

方法	说明
getElementById()	返回按 id 属性查找的第一个对象的引用
getElementByName()	返回按带有指定名称 name 查找的对象集合
getElementByTagName()	返回带有指定标签 TagName 查找的对象的集合
getAttribute()	返回元素的属性值

2）根据节点的层次关系访问节点

使用 getEleMent 系列方法会忽略文档的结构，因此在 HTML DOM 中提供了一些根据节点的层次关系访问节点的方法，如表 3-9 所示。

表 3-9　根据层次关系访问节点

方法	说明
parentNode	返回节点的父节点
childNods	返回子节点集合，childNods[i]
firstChild	返回节点的第一个子节点，最普遍的用法是访问该元素的文本项目点
lastChild	返回节点的最后一个子节点
nextSibling	下一个节点
prebiousSibling	上一个节点

3. 访问节点

1）使用 getElementsByName() 方法

此方法用于返回带有指定名称的节点对象的集合。语法格式如下。

```
document.getElementsByName(name)
```

与 getElementById() 方法不同的是，它是通过元素的 name 属性查询元素，而不是通过 id 属性。使用 getElementsByName() 需要注意的是文档中的 name 属性可能不唯一，所有 getElementsByName() 方法返回的是元素的数组，而不是一个元素。getElementsByName() 和数组类似，也有 length 属性，可以用和访问数组一样的方法来访问，从 0 开始。使用 getElementsByName() 返回指定名称节点对象的集合，如示例代码 3-22 所示。

示例代码 3-22

```html
<! DOCTYPE html>
<html lang="en">
<head>
  <script type="text/javascript">

    function getEiements（）{
      var x = document.getElementsByName（"alink"）;
      alert（x.length）
    }
  </script>
  <meta charset="UTF-8">
  <title> 返回节点 </title>
</head>
<body>
  <a name="alink" href="#"> 这是连接一 </a><br>
  <a name="alink" href="#"> 这是连接二 </a><br>
  <a name="alink" href="#"> 这是连接三 </a><br>
  <input type="button" onclick="getEiements（）" value=" 看看有几个连接 "/>
</body>
</html>
```

运行程序，具体结果如图 3-14 所示。

图 3-14　程序运行结果

点击按钮"看看有几个连接"，结果如图 3-14 所示效果。

图 3-15　查看连接效果

2）使用 getElementByTagName（）方法

此方法用于返回带有指定标签名的节点对象的集合。返回元素的顺序是它们在文档中的顺序。语法格式如下。

---

document.getElementsByTagName（Tagname）

说明：

①Tagname 是标签的名称，如 p、a、img 等标签名；

②这种方法与数组类似也有 length 属性，可以使用和访问数组一样的方法来访问，所以也是从 0 开始。

使用 getElementByTagName（）获取节点，如示例代码 3-23 所示。

示例代码 3-23

```
<! DOCTYPE html>
<html lang="en">
<head>
  <meta charset="UTF-8">
  <title> 获取节点 </title>
</head>
<body>
  <p id="intor"> 我的课程 </p>
  <ul>
    <li>JavaScript</li>
    <li>JQuery</li>
    <li>HTML</li>
    <li>Java</li>
    <li>PHP</li>
  </ul>
  <script>
    // 获取所有的 li 集合
    var list = document.getElementsByTagName（"li"）;
    // 访问无序列表：[0] 索引
    li=list[0];
    // 获取 list 的长度
    document.write（list.length）;
    // 弹出 li 节点对象的内容
    document.write（li.innerHTML）;
  </script>
</body>
</html>
```

运行程序，结果如图 3-16 所示效果。

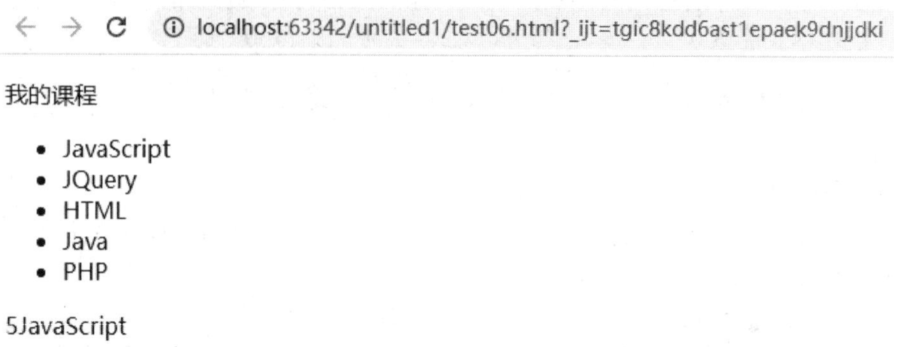
localhost:63342/untitled1/test06.html?_ijt=tgic8kdd6ast1epaek9dnjjdki
我的课程
JavaScript
JQuery
HTML
Java
PHP
5JavaScript

图 3-16 返回结果

3）使用 getAttribute（）方法

该方法用于通过元素节点的属性名称获取属性的值。语法格式如下所示。

```
elementNode.getAttribute（name）
```

说明：

①elementNode 为使用 getElementById（）、getElementsByTagName（）等方法获取的元素节点；

②name 为想要查询的元素节点的属性名字。

使用 getAttribute（）获取 h1 标签的属性值，如示例代码 3-24 所示。

示例代码 3-24

```
<! DOCTYPE html>
<html lang="en">
<head>
  <meta charset="UTF-8">
  <title> 获取属性值 </title>
</head>
<body>
  <h1 id="alink" title="getAttribute（）获取标签属性值 " onclick="hattr（）"> 获取标签的属性 </h1>
  <script type="text/javascript">
    function hattr（）{
      var anode=document.getElementById（"alink"）;
      var attr1=anode.getAttribute（"id"）;
      var attr2=anode.getAttribute（"title"）;
      document.write（"h1 标签的 id："+ attr1+"<br>"）;
      document.write（"h1 标签的 title："+ attr2）;
    }
```

```
    </script>
  </body>
</html>
```

运行程序,结果如图 3-17 所示。

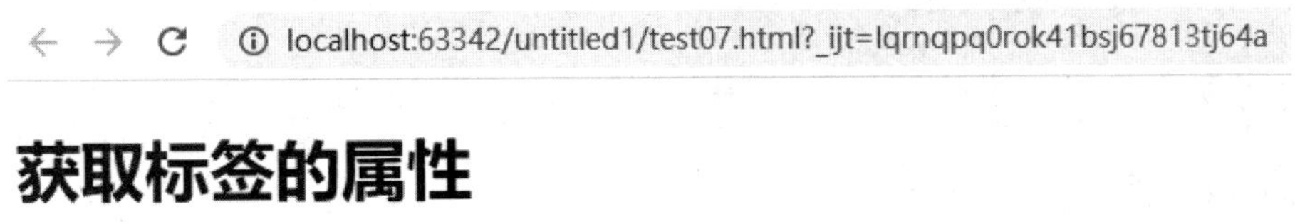

← → C　ⓘ localhost:63342/untitled1/test07.html?_ijt=lqrnqpq0rok41bsj67813tj64a

获取标签的属性

图 3-17　获取属性

接着点击图中的文字,获取 h1 标签的属性值,实现如图 3-18 所示。

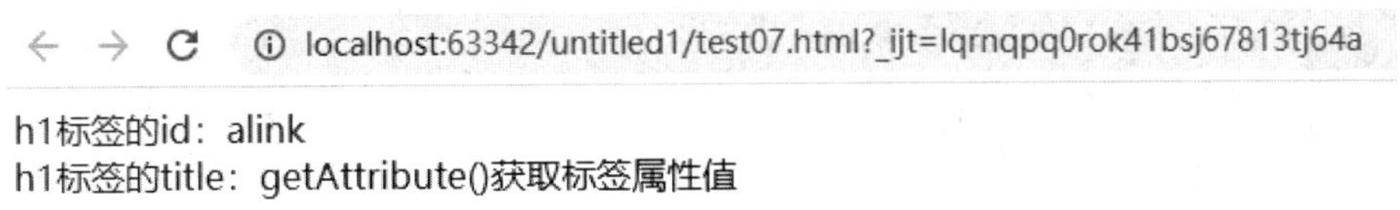

← → C　ⓘ localhost:63342/untitled1/test07.html?_ijt=lqrnqpq0rok41bsj67813tj64a

h1标签的id: alink
h1标签的title: getAttribute()获取标签属性值

图 3-18　属性结果

4）使用 parentNode
该方法用于获取指定节点的父节点。语法格式如下所示。

```
elementNode.parentNode
```

这里要注意的是,父节点只能有一个。使用 parentNode 获取 p 节点的父节点,如示例代码 3-25 所示。

示例代码 3-25

```
<! DOCTYPE html>
<html lang="en">
<head>
  <meta charset="UTF-8">
  <title> 获取指定父节点 </title>
</head>
<body>
  <div id="text">
    <p id="con"> parentNode 获取指点节点的父节点 </p>
  </div>
  <script type="text/javascript">
    var mynode= document.getElementById（"con"）;
```

```
        document.write（mynode.parentNode.nodeName）；
    </script>
</body>
</html>
```

运行程序，结果实现如图 3-19 所示。

← → C ① localhost:63342/untitled1/test08.html?_ijt=rmslgfce63kkerftumt33qtlgs

parentNode 获取指点节点的父节点

DIV

图 3-19　获取父节点

学生通过上述技能点知识的学习，使用 JavaScript 内置对象完成网页日历的编写，并能实现显示当前日期（为红色），点击查阅上一个月和下一个月。具体步骤如下所示。

第一步：首先编写日历的页面代码，新建 html 页面，并命名为 RL.html，页面代码如示例代码 3-26 所示。

示例代码 3-26

```
<! DOCTYPE html>
<html lang="en">
<head>
    <meta charset="UTF-8">
    <link rel='stylesheet' href='RL.css' />
    <title>Title</title>
</head>
<body>
<div id="cldFrame">
    <div id="cldBody">
        <table>
            <thead>
            <tr>
                <td colspan="7">
                    <div id="top">
```

```
                <span id="left">&lt;</span>
                <span id="topDate"></span>
                <span id="right">&gt;</span>
            </div>
        </td>
    </tr>
    <tr id="week">
        <td> 日 </td>
        <td> 一 </td>
        <td> 二 </td>
        <td> 三 </td>
        <td> 四 </td>
        <td> 五 </td>
        <td> 六 </td>
    </tr>
    </thead>
    <tbody id="tbody">
    </tbody>
    </table>
    </div>
</div>
</body>
<script type='text/javascript' src='RL.js'></script>
</html>
```

运行程序，结果如图 3-20 所示。

< >

日 一 二 三 四 五 六

图 3-20　日历周期

第二步：设置日历的页面样式，创建 CSS 文件，命名为 RL.css。具体代码如示例代码 3-27 所示。

示例代码 3-27

```
#cldFrame{
    position: relative;
    width: 440px;
    margin: 50px auto;
```

```css
    }
    #cldBody{
        margin: 10px;
        position: absolute;
        width: 420px;
    }
    #top{
        position: relative;
        height: 60px;
        text-align: center;
        line-height: 60px;
    }
    #topDate{
        font-size: 30px;
    }
    .curDate{
        color: red;
        font-weight: bold;
    }
    table{
        background-color: #f7f7f7;
    }
    #week td{
        font-size: 15px;
    }
    td{
        height: 60px;
        width: 60px;
        text-align: center;
        font-family: Simsun;
        font-size: 20px;
    }
    #left, #right{
        position: absolute;
        width: 60px;
```

```
    height: 60px;
}
#left{left: 0px;}
#right{right: 0px;}
#left: hover, #right: hover{
    background-color: rgba(30, 30, 30, 0.2);
}
```

接着在 html 页面中引入 CSS 样式,如图 3-21 所示。

图 3-21　添加 CSS 样式

此时还无法获取具体的日期信息,需要设置相关日期函数才能准确显示。

第三步:创建并编辑 JS 文件,命名为 RL.js。设置判断是否为闰年的函数,具体代码如示例代码 3-28 所示。

示例代码 3-28

```
/* 判断某年是否是闰年 */
function isLeap(year) {
    if((year%4==0 && year%100! =0)|| year%400==0){
        return true;
    }
    else{
        return false;
    }
}
```

第四步:判断某天具体是星期几以及设置二月的天数。具体代码如示例代码 3-29 所示。

示例代码 3-29

```
/* 设置 12 个月每月的天数 */
var monthDay = [31,0,31,30,31,30,31,31,30,31,30,31];
/* 判断某年某月某日是星期几,默认日为 1 号 */
```

```
function whatDay（year, month, day=1）{
    var sum = 0;
        sum += （year-1）*365+Math.floor（（year-1）/4）-Math.floor（（year-1）/100）+Math.
floor（（year-1）/400）+day;
        for（var i=0; i<month-1; i++）{
        sum += monthDay[i];
    }
    if（month > 2）{
        if（isLeap（year））{
            sum += 29;
        }
        else{
            sum += 28;
        }
    }
    return sum%7;      // 余数为 0 代表那天是周日，为 1 代表是周一，以此类推
}
```

上述代码中将二月的天数设置成 0，之后再决定是加 28 还是 29。函数 whatDay 是为了判断某年某月的 1 号是星期几而设定的，加上 day 这个变量，允许使用者在查某日的日期是星期几时也能调用这个函数。

第五步：根据当前日期决定显示哪个月的日期。具体代码如示例代码 3-30 所示。

示例代码 3-30

```
/* 显示日历 */
function showCld（year, month, firstDay）{
    var i;
    var tagClass = "";
    var nowDate = new Date（）;

    var days;// 从数组里取出该月的天数
    if（month == 2）{
        if（isLeap（year））{
            days = 29;
        }
        else{
            days = 28;
        }
    }
```

```
  else{
     days = monthDay[month-1];
  }

  /* 当前显示月份添加至顶部 */
  var topdateHtml = year + " 年 " + month + " 月 ";
  var topDate = document.getElementById('topDate');
  topDate.innerHTML = topdateHtml;

  /* 添加日期部分 */
  var tbodyHtml = '<tr>';
  for(i=0; i<firstDay; i++){// 对 1 号前空白格的填充
     tbodyHtml += "<td></td>";
  }
  var changLine = firstDay;
  for(i=1; i<=days; i++){// 每一个日期的填充
     if(year == nowDate.getFullYear() && month == nowDate.getMonth()+1 && i ==
nowDate.getDate()) {
        tagClass = "curDate";// 当前日期对应格子
     }
     else{
        tagClass = "isDate";// 普通日期对应格子,设置 class 便于与空白格子区分开来
     }
     tbodyHtml += "<td class=" + tagClass +">" + i + "</td>";
     changLine = (changLine+1)%7;
     if(changLine == 0 && i ! = days){// 是否换行填充的判断
        tbodyHtml += "</tr><tr>";
     }
  }
  if(changLine ! =0){// 添加结束,对该行剩余位置的空白填充
     for (i=changLine; i<7; i++) {
        tbodyHtml += "<td></td>";
     }
  }// 后方可不填充
```

```
    tbodyHtml +="</tr>";
    var tbody = document.getElementById('tbody');
    tbody.innerHTML = tbodyHtml;
}
// 调用上述函数完成日历显示!
var curDate = new Date();
var curYear = curDate.getFullYear();
var curMonth = curDate.getMonth() + 1;
showCld(curYear, curMonth, whatDay(curYear, curMonth));
```

上述代码中根据当前日期决定日历显示哪个月的日期,根据那月的 1 号是星期几决定 1 号的添加位置,前方用空格填充。运行程序,结果如图 3-22 所示。

<			2020年9月			>
日	一	二	三	四	五	六
		1	2	3	4	5
6	7	8	9	10	11	12
13	14	15	16	17	18	19
20	21	22	23	24	25	26
27	28	29	30			

图 3-22　显示日期

第六步:显示上一月与下一月的日期。具体代码如示例代码 3-31 所示。

示例代码 3-31

```
// 下一月
function nextMonth() {
    var topStr = document.getElementById("topDate").innerHTML;
    var pattern = /\d+/g;
    var listTemp = topStr.match(pattern);
    var year = Number(listTemp[0]);
    var month = Number(listTemp[1]);
    var nextMonth = month+1;
    if(nextMonth > 12) {
```

```
        nextMonth = 1;
        year++;
    }
    document.getElementById('topDate').innerHTML = '';
    showCld(year, nextMonth, whatDay(year, nextMonth));
}
// 上一月
function preMonth() {
    var topStr = document.getElementById("topDate").innerHTML;
    var pattern = /\d+/g;
    var listTemp = topStr.match(pattern);
    var year = Number(listTemp[0]);
    var month = Number(listTemp[1]);
    var preMonth = month-1;
    if(preMonth < 1) {
        preMonth = 12;
        year--;
    }
    document.getElementById('topDate').innerHTML = '';
    showCld(year, preMonth, whatDay(year, preMonth));
}
```

第七步：绑定上一月与下一月的点击按钮。具体代码如示例代码 3-32 所示。

示例代码 3-32

```
// 绑定下一月按钮
    document.getElementById('right').onclick = function() {
        nextMonth();
    }
// 绑定下一月按钮
    document.getElementById('left').onclick = function() {
        preMonth();
    }
```

至此全部代码编辑完成，保存代码，运行程序，可显示当前日期，点击上一月与下一月按钮实现切换月份的功能，如图 3-27 所示。

	日	一	二	三	四	五	六
					1	2	3
	4	5	6	7	8	9	10
	11	12	13	14	15	16	17
	18	19	20	21	22	23	24
	25	26	27	28	29	30	31

2020年10月

图 3-27　切换月份

本任务通过日历的实现,对函数的创建与调用进行充分的理解和学习,并了解了 Java Script 内置对象实现机制,掌握文档对象模型在案例中的使用方式。

Function	函数	Expression	表达式
split	分裂	React	相应
document	文件	length	长度
confirm	确认	alert	警报
Compile	编译	floor	层

一、选择题

1. 下列关于函数作用域描述正确的是（   ）。

A. JavaScript 有超过两种的作用域

B. 函数作用域，变量不只在函数内部存在

C. 全局作用域，变量在整个程序中一直存在，所有地方都可以读取

D. 作用域指的是常量存在的范围

2. 下列关于闭包描述不正确的是（   ）。

A. 许多高级应用都要依靠闭包实现

B. 闭包可以读取函数内部的变量

C. 闭包可以让变量始终保持在内存中

D. 闭包的诞生环境不会一直存在

3. 以下内置对象描述不正确的是（   ）。

A. String 对象用来支持对于字符串的处理

B. Math 对象用于执行数学函数，可以实例化

C. Date 对象提供了一种方式来处理日期和时间

D. String 对象中有许多方法可用于操作和收集有关文本的信息

4. 以下关于 DOM 对象描述不正确的是（   ）。

A. DOM 是 Document Object Model 的缩写，简称文档对象模型

B. JavaScript 结合 DOM 可以做出对应的效果应用与 WEB

C. 文档对象模型 DOM 定义了访问和操作 HTML 文档的标准方法，把 HTML 文档呈现为带有元素、属性和文本的树结构

D. 使用 DOM 访问 HTML 文档的节点的方式超过两种

5. 下列关于 window 对象描述错误的是（   ）。

A. window 对象表示一个浏览器窗口或一个框架

B. window 对象是客户端 JavaScript 的全局对象，所有的表达式都在当前的环境中计算

C. 打开窗口的方式为：window.open（pageURL，name，parameters）

D. clearTimeout() 方法用于把键盘焦点从顶层窗口移开

二、填空题

1. 函数是一段可以重复调用的_____，接收相应的参数并可以返回对应的值。

2. 对象是一种特殊的数据类型，拥有一系列的属性和方法，分为_____和_____。

3. DOM 是以树状结构组织的 HTML 文档，HTML 文档中每个_____或_____都是一个节点。

4. AngularJS 有着诸多特性，最为核心的是：MVVM、_____、_____、语义化标

签、_____等。

5. window 对象表示一个_____或_____。window 对象是客户端 JavaScript 的全局对象，所有的表达式都在当前的环境中计算。

项目四 事件处理

JavaScript中的事件指的是文档或者浏览器窗口中发生的一些特定交互瞬间,可以通过监听器(或者处理程序)来预定事件,以便事件发生的时候执行相应的代码。本讲通过对滑块验证和注册页面的设置,学习JavaScript中通过不同的事件控制网页的相关知识。在任务实现过程中:

- 了解什么是事件模型;
- 熟悉事件对象的作用;
- 掌握各事件分类的使用;
- 培养独立编写事件处理程序的能力。

课程思政

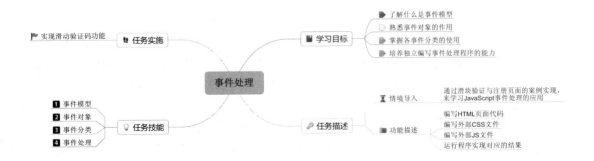

【情境导入】

　　事件就是用户或浏览器自身执行的某种动作，如点击、加载等事件。响应某个事件的函数就叫作事件处理程序。每个事件处理程序都有一个 event 变量，也就是事件对象。当这类事件发生时它可以注册要调用的一个或多个函数。本项目主要通过滑块验证与注册页面的案例实现，学习 JavaScript 事件处理的应用。

【功能描述】

- 编写 HTML 页面代码。
- 编写外部 CSS 文件。
- 编写外部 JS 文件。
- 运行程序实现对应的结果。

技能点一　　事件模型

　　事件是与浏览器或文档交互的瞬间，如点击按钮、填写表格等，它是 JS 与 HTML 之间交互的桥梁。JavaScript 事件使得网页具备互动性和交互性，在各式各样的浏览器中，JavaScript 事件模型主要分为三种：原始事件模型、IE 事件模型、DOM2 事件模型。

1. 原始事件模型

　　原始事件模型也叫 DOM0 级事件模型，是一种所有浏览器都支持的事件模型，对于原始事件而言，没有事件流，事件一旦发生则马上进行处理，有两种方式可以实现原始事件。

　　1）在 html 代码中直接指定属性值

```
<input type="button" onclick="fun( )">
```

2）通过 JS 代码指定属性值

```
var btn = document.getElementById('.btn');
btn.onclick = fun();
```

在开发过程中，不同的监听最好移除掉，如涉及闭包调用的事件监听函数，不移除会影响 JS 执行引擎的垃圾回收。移除监听函数，DOM0 事件处理程序只要将对应事件属性置为 null 即可。

```
btn.onclick = null;
```

3）DOM0 级事件模型的优缺点

DOM0 级事件模型的主要优点是所有浏览器都兼容。

DOM0 级事件模型有以下缺点：

①逻辑与显示没有分离；

②一个 DOM 对象只能注册一个同类型的函数，否则会被覆盖；

③无法通过事件的冒泡、委托等机制完成更多事情。

在当前 web 程序模块化开发以及更加复杂的逻辑状况下，这种方式已经落伍，所以在项目开发中不推荐使用。

2. IE 事件模型

IE 的事件机制没有捕获阶段，事件流是非标准的，只有目标阶段和冒泡阶段。IE 事件模型共有两个过程。

（1）事件目标阶段：事件到达目标元素，触发目标元素的监听函数。

（2）事件冒泡阶段：事件从目标元素冒泡到 document，依次检查经过的节点是否绑定了事件监听函数，如果有则执行。

事件绑定监听函数的方式如下。

```
attachEvent(eventType, handler)
```

事件移除监听函数的方式如下。

```
detachEvent(eventType, handler)
```

参数说明：

①eventType 指定事件类型（注意加 on）；

②handler 是事件处理函数。

3.DOM2 事件模型

● DOM2 支持同一 DOM 元素注册多个同种事件，在 DOM2 中新增了事件捕获和事件冒泡的概念。DOM2 可以通过 addEventListener 和 removeEventListener 进行管理，一次事件的发生包含三个过程：事件捕获、事件目标和事件冒泡。

事件捕获：某个元素触发了某个事件，最先得到通知的是 window，然后是 document，依次而入，直到真正触发事件的那个元素（目标元素）为止，这个过程就是捕获。

事件目标：当到达目标元素之后，执行目标元素对该事件相应的处理函数。如果没有绑定监听函数，则不执行。

事件冒泡:从目标元素开始起泡,再依次而出。途中如果有节点绑定了相应的事件处理函数,这些函数都会被依次触发,直到 window 对象为止。

注意:并不是所有的事件类型都会经历事件冒泡阶段,但是会经历事件捕获阶段,例如 submit 事件就不会被冒泡。为了最大程度兼容各种浏览器,一般都是将事件处理函数程序添加到事件流的冒泡阶段。

事件绑定监听函数的方式如下。

```
addEventListener(eventType, handler, useCapture)
```

事件移除监听函数的方式如下。

```
removeEventListener(eventType, handler, useCapture)
```

结合以上函数,创建如示例代码 4-1 所示。

示例代码 4-1

```
var btn = document.getElementById('.btn');
btn.addEventListener('click', showMessage, false);
btn.removeEventListener('click', showMessage, false);
```

参数说明:

①eventType 指定事件类型(不要加 on);

②handler 是事件处理函数;

③useCapture 是一个 boolean,用于指定是否在捕获阶段进行处理,一般设置为 false,与 IE 浏览器保持一致。

技能点二　事件对象

在触发 DOM 上的某个事件时,会产生一个事件对象 event。这个对象包含所有与事件有关的信息。事件对象是用来记录一些事件发生时的相关信息的对象,只有事件发生时才会产生,并且只能是事件处理函数内部访问,在所有事件处理函数运行结束后,事件对象被销毁。

1. event 对象

event 对象代表事件的状态,比如事件在其中发生的元素、键盘按键的状态、鼠标的位置、鼠标按钮的状态。当用户单击某个元素时,给这个元素注册的事件就会触发,该事件的本质就是一个函数,而该函数的形参接收一个 event 对象。事件通常与函数结合使用,函数不会在事件发生前被执行。其使用场景如以下代码所示。

```
var oDIv = document.getElementById('box');
oDiv.onclick = function(event){
```

```
       .........
   }
```

2. 事件流

事件流描述的是页面中接受事件的顺序,事件发生后会在元素节点之间按照某种顺序传播。事件从触发到完成响应一般分为三个阶段:捕获阶段、目标阶段和冒泡阶段,如图 4-1 所示。

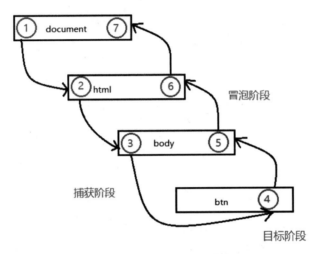

图 4-1　事件从触发到完成响应

1) 事件冒泡

IE 的事件流叫作事件冒泡,即事件开始是由最具体的元素接收,然后逐级向上传播到较为不具体的节点。如果点击了页面中的一个 btn 元素,那么 click 事件可能会按照如下顺序传播:< btn> → < body> → < html> → document。

也就是说,click 事件首先在 btn 元素上发生,然后 click 事件沿 DOM 树向上传播,在每一级节点上都会发生,直至传播至 document 对象。现有的浏览器都支持事件冒泡。

2) 事件捕获

事件捕获的思想是不太具体的节点应该更早接收到事件,最具体的节点应该最后接收到事件。事件捕获的用意在于事件到达预定目标之前捕获它。此时单击 btn 元素就会以下列顺序触发 click 事件:document → <html> → <body> → <btn>。

事件捕获过程中,document 对象首先接受 click 事件,然后事件沿 DOM 树依次向下,一直传播到事件的实际目标,即 btn 元素。

3) 事件目标

当到达目标元素之后,执行目标元素对该事件相应的处理函数。

根据事件的不同阶段,熟悉事件冒泡和事件捕获过程,通过设置 useCapture 的属性值,点击图形框,查看各元素的触发顺序,如示例代码 4-2 所示。

示例代码 4-2

```html
<! DOCTYPE html>
<html>
<head>
  <meta charset="utf-8">
  <title>bubble event</title>
  <style type="text/css">
    body{margin:0;}
    #one{
        width:500px;
        height:500px;
        background:rgb(255,177,0);
        border: 1px solid transparent;
    }
    #two{
        width:400px;
        height:400px;
        margin: 0 auto;
        margin-top: 50px;
        background:rgb(255,50,189);
        border: 1px solid transparent;
    }
    #three{
        width:300px;
        height:300px;
        margin: 0 auto;
        margin-top: 50px;
        background:rgb(255,100,100);
        border: 1px solid transparent;
    }
    #four{
        width:200px;
        height:200px;
        margin: 0 auto;
        margin-top: 50px;
        background:rgb(100,150,150);
```

```html
      }
    </style>
  </head>
  <body>
  <div id='one'>
    <div id='two'>
      <div id='three'>
        <div id='four'>
        </div>
      </div>
    </div>
  </div>

  <script>
    var one = document.getElementById('one');
    var two = document.getElementById('two');
    var three = document.getElementById('three');
    var four = document.getElementById('four');
    var useCapture = true; //false 为冒泡获取【目标元素先触发】 true 为捕获获取【父
级元素先触发】
    one.addEventListener('click', function(event) {
      event || (event = window.event);
      console.log(event);
      console.log('one 被点击 ');
    }, useCapture);
    two.addEventListener('click', function() {
      console.log('two 被点击 ');
    }, useCapture);
    three.addEventListener('click', function() {
      console.log('three 被点击 ');
    }, useCapture);
    four.addEventListener('click', function() {
      console.log('four 被点击 ');
    }, useCapture);
  </script>
  </body>
  </html>
```

当 useCapture 的值为 true 时是捕获获取,父级元素先触发,运行程序,并点击运行出的效果图的中间第三个图形（从外数），效果如图 4-2 所示。

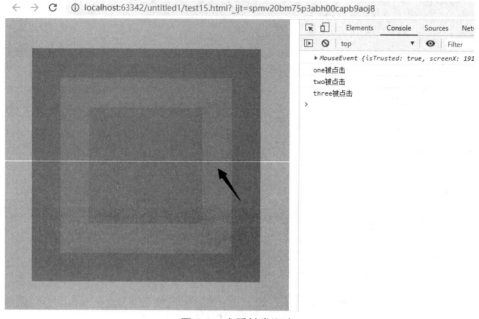

图 4-2　查看触发顺序

通过图 4-2 可看出，点击第三个框时（从外数），父级元素 one 最先被触发。修改 use-Capture 的值为 false 再运行程序，同样点击图中第三个框（从外数），效果如图 4-3 所示。

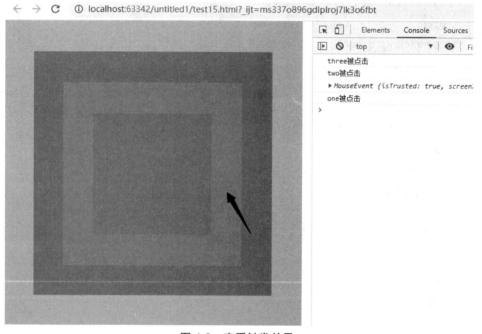

图 4-3　查看触发效果

当 useCapture 的值为 false 时，为冒泡获取目标元素先触发，它的触发顺序为从里到外，即 three → two → one。

3. 常用属性及方法

事件发生后，事件对象 event 中不仅包含与特定事件相关的信息，还会包含一些鼠标属性、事件属性、IE 属性和方法。常用的属性和方法如表 4-1 至表 4-3 所示。

表 4-1　鼠标 / 事件属性

属性	描述
altKey	当事件被触发时，"Alt" 是否被按下
button	当事件被触发时，哪个鼠标按钮被点击
clientX	当事件被触发时，鼠标指针的水平坐标
clientY	当事件被触发时，鼠标指针的垂直坐标
ctrlKey	当事件被触发时，"CTRL" 键是否被按下
metaKey	当事件被触发时，"meta" 键是否被按下
relatedTarget	与事件的目标节点相关的节点
screenX	当某个事件被触发时，鼠标指针的水平坐标
screenY	当某个事件被触发时，鼠标指针的垂直坐标
shiftKey	当事件被触发时，"SHIFT" 键是否被按下

表 4-2　IE 属性

属性	说明
cancelBubble	如果事件句柄想阻止事件传播到包容对象，必须把该属性设为 true
fromElement	对于 mouseover 和 mouseout 事件，fromElement 引用移出鼠标的元素
keyCode	对于 keypress 事件，该属性声明了被敲击的键生成的 Unicode 字符码
offsetX, offsetY	发生事件的地点在事件源元素的坐标系统中的 x 坐标和 y 坐标
returnValue	如果设置了该属性，它的值比事件句柄的返回值优先级高
srcElement	对于生成事件的 Window 对象、Document 对象或 Element 对象的引用
toElement	对于 mouseover 和 mouseout 事件，该属性引用移入鼠标的元素
x, y	事件发生的位置的 x 坐标和 y 坐标，它们相对于用 CSS 动态定位的最内层包容元素

表 4-3　标准 Event 属性和方法

属性和方法	说明
bubbles	返回布尔值，指示事件是否是冒泡事件类型
cancelable	返回布尔值，指示事件是否可取消的默认动作
currentTarget	返回其事件监听器触发该事件的元素

属性和方法	说明
eventPhase	返回事件传播的当前阶段
target	返回触发此事件的元素（事件的目标节点）
timeStamp	返回事件生成的日期和时间
type	返回当前 Event 对象表示的事件的名称
initEvent()	初始化新创建的 Event 对象的属性
preventDefault()	通知浏览器不要执行与事件关联的默认动作
stopPropagation()	不再派发事件

表 4-3 中 type 是标准浏览器和早期版本 IE 浏览器的事件对象和公共属性，通过该属性可以获取发生事件的类型，例如 click 等。结合以上方法与属性，获取触发事件的元素，通过点击页面中不同的内容，提示所点击的内容是什么，如示例代码 4-3 所示。

示例代码 4-3

```
<html>
<head>
  <meta charset="utf-8">
  <script type="text/javascript">
    function whichElement(e)
    {
      var targ
      if(! e) var e = window.event
      if(e.target) targ = e.target
      else if(e.srcElement) targ = e.srcElement
      if(targ.nodeType == 3) // defeat Safari bug
        targ = targ.parentNode
      var tname
      tname=targ.tagName
      alert(" 你点击的是 " + tname +" element.")
    }
  </script>
</head>
<body onmousedown="whichElement(event)">
<p> 在文档中点击某个位置，消息框会提示你所点击的标签的名称。</p>

<h3> 这是标题 </h3>
<p> 这是段落。</p>
```

```
<img src="img/tu.jpg"/>
</body>
</html>
```

上述代码中，通过事件对象的属性 target 或 srcElement 即可获取触发事件的元素相关信息，在项目开发中则可以直接利用这些信息进行相关处理。

运行程序，效果如图 4-4 所示。

图 4-4　运行程序

分别点击"这是标题""这是段落""图片"，提示框弹出信息如图 4-5 至图 4-7 所示。

localhost:63342 显示

你点击的是 H3 element.

确定

图 4-5　点击标题

localhost:63342 显示

你点击的是 P element.

确定

图 4-6　点击段落

localhost:63342 显示

你点击的是 IMG element.

确定

图 4-7　点击图片

技能点三　事件分类

在使用 JavaScript 编写脚本语言时,会经常用到各种事件,如简单的单击事件 onclick (通过鼠标点击触发事件),onkeydown(键盘事件,按下键盘上任意健值触发),等等。通过对这些事件的设置,JavaScript 可以触发网页中设置好的事件,事件的触发可以是用户的行为,也可以是浏览器的行为。事件通常有这几种情况:点击元素、页面加载完成、鼠标经过元素或者 HTML 的 input 标签改变。常用的事件有鼠标事件、键盘事件、进度事件、表单事件和焦点事件。

1. 鼠标事件

1)鼠标相关的事件

鼠标事件指与鼠标相关的事件,继承了 MouseEvent 接口。具体的事件如表 4-4 所示。

表 4-4　鼠标相关的事件

事件	说明
click	按下鼠标(通常是按下主按钮)时触发
dblclick	在同一个元素上双击鼠标时触发
mousedown	按下鼠标时触发
mouseup	释放按下的鼠标键时触发
mousemove	当鼠标在一个节点内部移动时触发。当鼠标持续移动时,该事件会连续触发。为了避免性能问题,建议对该事件的监听函数做一些限定,比如限定一段时间内只能运行一次
mouseenter	鼠标进入一个节点时触发,进入子节点不会触发这个事件
mouseover	鼠标进入一个节点时触发,进入子节点会再一次触发这个事件
mouseout	鼠标离开一个节点时触发,离开父节点也会触发这个事件
mouseleave	鼠标离开一个节点时触发,离开父节点不会触发这个事件
contextmenu	按下鼠标右键时(上下文菜单出现前)触发,或者按下"上下文菜单键"时触发
wheel	滚动鼠标的滚轮时触发,该事件继承的是 WheelEvent 接口

click 事件指的是,用户在同一个位置先完成 mousedown 动作,再完成 mouseup 动作。因此,触发顺序是 mousedown 首先触发,mouseup 接着触发,click 最后触发。

dblclick 事件则会在 mousedown、mouseup 和 click 事件之后触发。

mouseover 事件和 mouseenter 事件,都是鼠标进入一个节点时触发。两者的区别是: mouseenter 事件只触发一次,而以后只要鼠标在节点内部移动,都不会再触发这个事件; mouseover 事件会在子节点上触发多次,如示例代码 4-4 所示。

示例代码 4-4

```
/* HTML 代码如下
 <ul>
   <li>item 1</li>
   <li>item 2</li>
   <li>item 3</li>
 </ul>
*/
var ul = document.querySelector（'ul'）;
// 进入 ul 节点以后，mouseenter 事件只会触发一次
// 以后只要鼠标在节点内移动，都不会再触发这个事件
// event.target 是 ul 节点
ul.addEventListener（'mouseenter', function（event）{
  event.target.style.color = 'purple';
  setTimeout（function（）{
    event.target.style.color = '';
  }, 500）;
}, false）;
// 进入 ul 节点以后，只要鼠标在子节点上移动，mouseover 事件会触发多次
// event.target 是 li 节点
ul.addEventListener（'mouseover', function（event）{
  event.target.style.color = 'orange';
  setTimeout（function（）{
    event.target.style.color = '';
  }, 500）;
}, false）;
```

上述代码中，在父节点内部进入子节点，不会触发 mouseenter 事件，但是会触发 mouse-over 事件。

mouseout 事件和 mouseleave 事件，都是鼠标离开一个节点时触发。两者的区别是，在父元素内部离开一个子元素时，mouseleave 事件不会触发，而 mouseout 事件会触发，如示例代码 4-5 所示。

示例代码 4-5

```
/* HTML 代码如下
 <ul>
   <li>item 1</li>
   <li>item 2</li>
   <li>item 3</li>
```

```
  </ul>
  */
  var ul = document.querySelector('ul');
  // 先进入 ul 节点，然后在节点内部移动，不会触发 mouseleave 事件
  // 只有离开 ul 节点时，触发一次 mouseleave 事件
  // event.target 是 ul 节点
  ul.addEventListener('mouseleave', function（event）{
    event.target.style.color = 'purple';
    setTimeout（function（）{
      event.target.style.color = '';
    }, 500）;
  }, false）;
  // 先进入 ul 节点，然后在节点内部移动，mouseout 事件会触发多次
  // event.target 是 li 节点
  ul.addEventListener('mouseout', function（event）{
    event.target.style.color = 'orange';
    setTimeout（function（）{
      event.target.style.color = '';
    }, 500）;
  }, false）;
```

上述代码中，在父节点内部离开子节点，不会触发 mouseleave 事件，但是会触发 mouseout 事件。

2）MouseEvent 接口

MouseEvent 接口代表了鼠标相关的事件，单击（click）、双击（dblclick）、松开鼠标键（mouseup）、按下鼠标键（mousedown）等动作，所产生的事件对象都是 MouseEvent 实例。此外，滚轮事件和拖拉事件也是 MouseEvent 实例。MouseEvent 接口继承了 Event 接口，所以拥有 Event 的所有属性和方法。它还有自己的属性和方法。浏览器原生提供一个 MouseEvent 构造函数，用于新建一个 MouseEvent 实例。

```
var event = new MouseEvent（type, options）;
```

MouseEvent 构造函数接受两个参数。第一个参数是字符串，表示事件名称；第二个参数是一个事件配置对象，该参数可选。除了 Event 接口的实例配置属性，该对象可以配置以下属性，所有属性都是可选的，如表 4-5 所示。

表 4-5　属性说明

属性	说明
screenX	数值，鼠标相对于屏幕的水平位置（单位像素），默认值为 0，设置该属性不会移动鼠标
screenY	数值，鼠标相对于屏幕的垂直位置（单位像素），其他与 screenX 相同

续表

属性	说明
clientX	数值,鼠标相对于程序窗口的水平位置(单位像素),默认值为 0,设置该属性不会移动鼠标
clientY	数值,鼠标相对于程序窗口的垂直位置(单位像素),其他与 clientX 相同
pageX	鼠标指针位于文档的水平坐标(X 轴坐标),相对于文档的左边缘
pageY	鼠标指针位于文档的垂直坐标(Y 轴坐标),相对于文档的上边缘
ctrlKey	布尔值,是否同时按下了 Ctrl 键,默认值为 false
shiftKey	布尔值,是否同时按下了 Shift 键,默认值为 false
altKey	布尔值,是否同时按下 Alt 键,默认值为 false
metaKey	布尔值,是否同时按下 Meta 键,默认值为 false

(1)MouseEvent.screenX 和 MouseEvent.screenY 属性。

MouseEvent.screenX 属性返回鼠标位置相对于屏幕左上角的水平坐标(单位像素),MouseEvent.screenY 属性返回垂直坐标。这两个属性都是只读属性,如示例代码 4-6 所示。

示例代码 4-6

```
// HTML 代码如下
// <body onmousedown="showCoords(event)">
function showCoords(evt){
 console.log(
  'screenX value: ' + evt.screenX + '\n'
  'screenY value: ' + evt.screenY + '\n'
 );
}
```

(2)MouseEvent.clientX 和 MouseEvent.clientY 属性。

MouseEvent.clientX 属性返回鼠标位置相对于浏览器窗口左上角的水平坐标(单位像素),MouseEvent.clientY 属性返回垂直坐标。这两个属性都是只读属性,如示例代码 4-7 所示。

示例代码 4-7

```
// HTML 代码如下
// <body onmousedown="showCoords(event)">
function showCoords(evt){
 console.log(
  'clientX value: ' + evt.clientX + '\n' +
  'clientY value: ' + evt.clientY + '\n'
 );
}
```

这两个属性还分别有一个别名 MouseEvent.x 和 MouseEvent.y。

（3）MouseEvent.pageX 和 MouseEvent.pageY 属性。

MouseEvent.pageX 属性返回鼠标位置与文档左侧边缘的距离（单位像素），MouseEvent.pageY 属性返回与文档上侧边缘的距离（单位像素）。它们的返回值都包括文档不可见的部分。这两个属性都是只读属性，如示例代码 4-8 所示。

```
示例代码 4-8

/* HTML 代码如下
 <style>
  body {
   height: 2000px;
  }
 </style>
*/
document.body.addEventListener(
 'click',
 function(e) {
  console.log(e.pageX);
  console.log(e.pageY);
 },
 false
);
```

示例代码 4-8 中，页面高度为 2000 像素，会产生垂直滚动条。滚动到页面底部，点击鼠标输出的 pageY 值会接近 2000。

（4）MouseEvent.altKey、MouseEvent.ctrlKey、MouseEvent.metaKey 和 MouseEvent.shiftKey 属性。

MouseEvent.altKey、MouseEvent.ctrlKey、MouseEvent.metaKey 和 MouseEvent.shiftKey 属性都返回一个布尔值，表示事件发生时，是否按下对应的键。它们都是只读属性，如示例代码 4-9 所示。

```
示例代码 4-9

// HTML 代码如下
// <body onclick="showKey(event)">
function showKey(e) {
 console.log('ALT key pressed:' + e.altKey);
 console.log('CTRL key pressed:' + e.ctrlKey);
 console.log('META key pressed:' + e.metaKey);
 console.log('SHIFT key pressed:' + e.shiftKey);
}
```

示例代码 4-9 中，点击网页会输出是否同时按下对应的键。

2. 键盘事件

1）主要事件

键盘事件由用户击打键盘触发，主要有 keydown、keypress 和 keyup 三个事件，它们都继承了 KeyboardEvent 接口。

（1）keydown：按下键盘时触发。

（2）keypress：按下有值的键时触发，即按下 Ctrl、Alt、Shift 和 Meta 这样无值的键时，这个事件不会触发。对于有值的键，按下时先触发 keydown 事件，再触发 keypress 事件。

（3）keyup：松开键盘时触发。

如果用户一直按键不松开，就会连续触发键盘事件，触发的顺序如下。

①keydown；

②keypress；

③keydown；

④keypress；

　…（重复以上过程）；

⑤keyup。

2）KeyboardEvent 接口

KeyboardEvent 接口用来描述用户与键盘的互动，继承了 Event 接口，并且定义了自己的实例属性和实例方法。浏览器原生提供的 KeyboardEvent 构造函数，用来新建键盘事件的实例。

> new KeyboardEvent（type, options）

KeyboardEvent 构造函数接受两个参数。第一个参数是字符串，表示事件类型；第二个参数是一个事件配置对象，该参数可选。除了 Event 接口提供的属性，还可以配置以下字段，它们都是可选的，如表 4-6 所示。

表 4-6　字段说明

字段	说明
key	字符串，当前按下的键，默认为空字符串
code	字符串，表示当前按下的键的字符串形式，默认为空字符串
location	整数，当前按下的键的位置，默认为 0
ctrlKey	布尔值，是否按下 Ctrl 键，默认为 false
shiftKey	布尔值，是否按下 Shift 键，默认为 false
altKey	布尔值，是否按下 Alt 键，默认为 false
metaKey	布尔值，是否按下 Meta 键，默认为 false
repeat	布尔值，是否重复按键，默认为 false

（1）KeyboardEvent.key 属性。

KeyboardEvent.key 属性返回一个字符串，表示按下的键名。其属性为只读。如果按下的键代表可打印字符,则返回这个字符,比如数字、字母。如果按下的键代表不可打印的特殊字符,则返回预定义的键值,比如 Backspace、Tab、Enter、Shift 等。如果同时按下一个控制键和一个符号键,则返回符号键的键名。比如:按下 Ctrl + a,则返回 a;按下 Shift + a,则返回大写的 A。如果无法识别键名,返回字符串 Unidentified。

（2）KeyboardEvent.code 属性。

KeyboardEvent.code 属性返回一个字符串,表示当前按下的键的字符串形式。该属性为只读。下面是一些常用键的字符串形式。

数字键 0 至 9:返回 digital0 至 digital9。

字母键 A 至 Z:返回 KeyA 至 KeyZ。

功能键 F1 至 F12:返回 F1 至 F12。

方向键:返回 ArrowDown、ArrowUp、ArrowLeft 和 ArrowRight。

Alt 键:返回 AltLeft 或 AltRight。

Shift 键:返回 ShiftLeft 或 ShiftRight。

Ctrl 键:返回 ControlLeft 或 ControlRight。

（3）KeyboardEvent.location 属性。

KeyboardEvent.location 属性返回一个整数,表示按下的键处在键盘的哪一个区域。它可能取以下值。

0:处在键盘的主区域,或者无法判断处于哪一个区域。

1:处在键盘的左侧,只适用有两个位置的键(比如 Ctrl 和 Shift 键)。

2:处在键盘的右侧,只适用有两个位置的键(比如 Ctrl 和 Shift 键)。

3:处在数字小键盘。

（4）KeyboardEvent.altKey、KeyboardEvent.ctrlKey、KeyboardEvent.metaKey 和 KeyboardEvent.shiftKey 属性。

以下属性都是只读属性,返回一个布尔值,表示是否按下对应的键。

KeyboardEvent.altKey:是否按下 Alt 键。

KeyboardEvent.ctrlKey:是否按下 Ctrl 键。

KeyboardEvent.metaKey:是否按下 Meta 键(Mac 系统是一个四瓣的小花, Windows 系统是 windows 键)。

KeyboardEvent.shiftKey:是否按下 Shift 键。

使用方式如示例代码 4-10 所示。

```
示例代码 4-10
function showChar(e){
console.log("Alt: " + e.altKey);
  console.log("Ctrl: " + e.ctrlKey);
  console.log("Meta: " + e.metaKey);
  console.log("Shift: " + e.shiftKey);
}
document.body.addEventListener('keydown', showChar, false);
```

（5）KeyboardEvent.repeat 属性。

KeyboardEvent.repeat 属性返回一个布尔值,代表该键是否被按着不放,以便判断是否重复该键,即浏览器会持续触发 keydown 和 keypress 事件,直到用户松开手为止。

3. 进度事件

1）主要事件

进度事件用来描述资源加载的进度,主要由 AJAX 请求、<img>、<audio>、<video>、<style>、<link> 等外部资源的加载触发,继承了 ProgressEvent 接口。其主要包含以下几种事件,如表 4-7 所示。

表 4-7　主要事件

事件	说明
abort	外部资源中止加载时(比如用户取消)触发。如果发生错误导致中止,不会触发该事件
error	由于错误导致外部资源无法加载时触发
load	外部资源加载成功时触发
loadstart	外部资源开始加载时触发
loadend	外部资源停止加载时触发,发生顺序排在 error、abort、load 等事件的后面
progress	外部资源加载过程中不断触发
timeout	加载超时时触发

除了资源加载,文件上传也存在这些事件,如示例代码 4-11 所示。

```
示例代码 4-11
image.addEventListener('load', function(event) {
  image.classList.add('finished');
});
image.addEventListener('error', function(event) {
  image.style.display = 'none';
});
```

示例代码 4-11 在图片元素加载完成后,为图片元素添加一个 finished 的 Class。如果加载失败,就把图片元素的样式设置为不显示。

有时图片加载会在脚本运行之前完成,尤其是当脚本放置在网页底部时,因此 load 和 error 事件的监听函数可能根本不会执行。所以,比较可靠的方式是用 complete 属性先判断一下是否加载完成,示例代码如 4-12 所示。

```
示例代码 4-12
function loaded() {
  // ...
}
```

```
if（image.complete）{
  loaded（）;
} else {
  image.addEventListener（'load'，loaded）;
}
```

由于 DOM 的元素节点没有提供是否加载错误的属性，所以 error 事件的监听函数最好放在 <img> 元素的 HTML 代码中，这样才能保证发生加载错误时百分之百会执行，如示例代码 4-13 所示。

示例代码 4-13

```
<img src="/wrong/url" onerror="this.style.display='none';" />
```

loadend 事件的监听函数，可以用来取代 abort、load 和 error 事件的监听函数，因为它总在这些事件之后发生，如示例代码 4-14 所示。

示例代码 4-14

```
req.addEventListener('loadend', loadEnd, false);

function loadEnd（e）{
  console.log(' 传输结束，成功失败未知 ');
}
```

loadend 事件本身不提供关于进度结束的原因，但可以用它来做所有加载结束场景都需要做的一些操作。另外，error 事件有一个特殊的性质，就是不会冒泡。所以，子元素的 error 事件不会触发父元素的 error 事件的监听函数。

2）ProgressEvent 接口

ProgressEvent 接口主要用来描述外部资源加载的进度，比如 AJAX 加载、<img>、<video>、<style>、<link> 等外部资源加载。进度相关的事件都继承了这个接口。浏览器原生提供了 ProgressEvent（）构造函数，用来生成事件实例。

new ProgressEvent（type, options）

ProgressEvent（）构造函数接受两个参数。第一个参数是字符串，表示事件的类型，这个参数是必不可少的；第二个参数是一个配置对象，表示事件的属性，该参数可选。配置对象除了可以使用 Event 接口的配置属性，还可以使用下面的属性，所有这些属性都是可选的，如表 4-8 所示。

表 4-8　属性说明

属性	说明
lengthComputable	布尔值，表示加载的总量是否可以计算，默认是 false
loaded	整数，表示已经加载的量，默认是 0

属性	说明
total	整数,表示需要加载的总量,默认是 0

ProgressEvent 具有对应的实例属性:ProgressEvent.lengthComputable、ProgressEvent. loaded 和 ProgressEvent.total。

如果 ProgressEvent.lengthComputable 为 false,ProgressEvent.total 实际上是没有意义的,如示例代码 4-15 所示。

示例代码 4-15

```
var p = new ProgressEvent('load', {
  lengthComputable: true,
  loaded: 30,
  total: 100,
});

document.body.addEventListener('load', function (e) {
  console.log(' 已经加载:' + (e.loaded / e.total) * 100 + '%');
});

document.body.dispatchEvent(p);
```

上述代码先构造一个 load 事件,抛出后被监听函数捕捉到。

4. 表单事件

表单事件指的是对 Web 表单操作时发生的事件。例如,表单提交前对表单的验证,表单重置时的确认操作等。

1)input 事件

当 `<input>`、`<select>`、`<textarea>` 的值发生变化时 input 事件触发。对于复选框(`<input type=checkbox>`)或单选框(`<input type=radio>`),用户改变选项时,也会触发该事件。另外,对于打开 contenteditable 属性的元素,只要值发生变化,也会触发 input 事件。input 事件的一个特点就是会连续触发,比如用户按一次按键,就会触发一次 input 事件。input 事件对象继承了 InputEvent 接口。

2)select 事件

当在 `<input>`、`<textarea>` 里面选中文本时 select 事件触发,如示例代码 4-16 所示。

示例代码 4-16

```
// HTML 代码如下
// <input id="test" type="text" value="Select me!"/>
```

```
var elem = document.getElementById('test');
elem.addEventListener('select', function (e) {
  console.log (e.type); // "select"
}, false);
```

选中的文本可以通过 Event.target 元素的 selectionDirection、selectionEnd、selectionStart 和 value 属性拿到。

3）Change 事件

当 <input>、<select>、<textarea> 的值发生变化时 Change 事件触发。它与 input 事件的最大不同就是不会连续触发，只有当全部修改完成时才会触发，另外 input 事件必然伴随 change 事件。具体来说，分成以下几种情况。

（1）激活单选框（radio）或复选框（checkbox）时触发。

（2）用户提交时触发。比如，从下拉列表（select）完成选择，在日期或文件输入框完成选择。

（3）当文本框或 <textarea> 元素的值发生改变，并且丧失焦点时触发。

使用方式如示例代码 4-17 所示。

示例代码 4-17

```
// HTML 代码如下
// <select size="1" onchange="changeEventHandler (event);">
//   <option>chocolate</option>
//   <option>strawberry</option>
//   <option>vanilla</option>
// </select>

function changeEventHandler (event) {
  console.log (event.target.value);
}
```

4）invalid 事件

用户提交表单时，如果表单元素的值不满足校验条件，就会触发 invalid 事件，如示例代码 4-18 所示。

示例代码 4-18

```
<form>
  <input type="text" required oninvalid="console.log ('invalid input')"/>
  <button type="submit"> 提交 </button>
</form>
```

上述代码中，输入框是必填的。如果不填，用户点击按钮提交时，就会触发输入框的 invalid 事件，导致提交被取消。

5）reset 和 submit 事件。

这两个事件发生在表单对象 <form> 上，而不是发生在表单的成员上。当表单重置（所有表单成员变回默认值）时 reset 事件触发；当表单数据向服务器提交时 submit 事件触发。注意，submit 事件的发生对象是 <form> 元素，而不是 <button> 元素，因为提交的是表单，而不是按钮。

5. 焦点事件

焦点事件发生在元素节点和 document 对象上面，与获得或失去焦点相关。它主要包括以下四个事件，如表 4-9 所示。

表 4-9　事件描述

事件	描述
focus	元素节点获得焦点后触发，该事件不会冒泡
blur	元素节点失去焦点后触发，该事件不会冒泡
focusin	元素节点将要获得焦点时触发，发生在 focus 事件之前。该事件会冒泡
focusout	元素节点将要失去焦点时触发，发生在 blur 事件之前。该事件会冒泡

上述四个事件都继承了 FocusEvent 接口。FocusEvent 实例具有以下属性。

（1）FocusEvent.target：事件的目标节点。

（2）FocusEvent.relatedTarget：对于 focusin 事件，返回失去焦点的节点；对于 focusout 事件，返回将要接受焦点的节点；对于 focus 和 blur 事件，返回 null。

由于 focus 和 blur 事件不会冒泡，只能在捕获阶段触发，所以 addEventListener 方法的第三个参数需要设为 true，如示例代码 4-19 所示。

示例代码 4-19

```
form.addEventListener('focus', function（event）{
  event.target.style.background = 'pink';
}, true）;

form.addEventListener('blur', function（event）{
  event.target.style.background = '';
}, true）;
```

上述代码针对表单的文本输入框，接受焦点时设置背景色，失去焦点时去除背景色。

技能点四　事件处理

响应某个事件的函数就叫做事件处理程序（或事件侦听器）。事件处理程序的名字以"on"开头，因此 click 事件的事件处理程序就是 onclick，load 事件的事件处理程序就是 onload。为事件指定处理程序的方式主要有 HTML 事件处理、DOM0 级事件处理和 IE 事件处理程序。

1.HTML 事件处理

HTML 事件处理指的是直接添加到 HTML 结构中的事件。事件是用户或浏览器自身执行的某种动作,而响应某个事件的函数就叫做事件处理程序或事件侦听器。HTML 事件处理也是最常见的事件。

在使用 HTML 事件处理程序时,通过将事件作为 HTML 元素的属性来实现,如示例代码 4-20 或示例代码 4-21 所示。

示例代码 4-20

```
<input type="button" value="confirm" onclick="alert('confirm')" />
```

或者调用其他地方定义的脚本。

示例代码 4-21

```
<script type="text/javascript">
    function showMessage( ) {
        alert("confirm");
    }
</script>
<input type="button" value="confirm" onclick="showMessage( )"/>
```

2.DOM0 级事件处理

通过 JS 指定事件处理程序的传统方式就是将一个函数赋值给一个事件处理程序属性。所有浏览器均支持。每个元素(包括 window 和 document)都有自己的事件处理程序属性,但是必须在 DOM 节点加载完之后才会有效,这些属性通常全部小写,如 onclick。将这种属性的值设置为一个函数,就可以指定事件处理程序,如示例代码 4-22 所示。

示例代码 4-22

```
var btn = document.getElementById("myBtn");
btn.onclick = function( ){
    alert("clicked");
}
```

上述代码通过文档对象取得了一个按钮的引用,然后为它指定了 onclick 事件处理程序。但这些代码在运行以前不会指定事件处理程序,因此如果这些代码在页面中位于按钮后面,就有可能在一段时间内对单击没有反应。使用 DOM0 级方法指定的事件处理程序被认为是元素的方法。因此,这时的事件处理程序是在元素的作用域中运行的。换句话说,程序中的 this 引用当前元素,如示例代码 4-23 所示。

示例代码 4-23

```
var btn = document.getElementById("myBtn");
```

```
btn.onclick = function( ) {
    alert(this.id);  //"myBtn"
}
```

除了通过 id，还可以在事件处理程序中通过 this 访问元素的任何属性和方法。以这种方式添加的事件处理程序会在事件流的冒泡阶段被处理。

也可以删除通过 DOM0 级方法指定的事件处理程序，只要将事件处理程序属性的值设置为 null 即可，如示例代码 4-24 所示。

示例代码 4-24

```
btn.onclick = null;  // 删除事件处理程序
```

将事件处理程序设置为 null 后，再单击按钮将不会有任何动作发生。

3.IE 事件处理程序

为了兼容各种浏览器，还会用到 IE 事件处理程序。浏览器兼容性主要指 IE 浏览器的兼容，尤其是低版本 IE。IE 不支持事件捕获，默认都是冒泡。IE 实现了与 DOM 中类似的两种方法：attachEvent( ) 和 detachEvent( )。IE8 和 IE8 以下的版本不支持 addEventListener( )，而是采用 attachEvent( ) 来实现事件绑定。这两种方法接受相同的两个参数——事件处理程序名称与事件处理程序函数。

使用 attachEvent( ) 为按钮添加一个事件处理程序，如示例代码 4-25 所示。

示例代码 4-25

```
btn.attachEvent("onclick", function( ) {
    alert("hello world");
});
```

注意：attachEvent( ) 的第一个参数是"onclick"，而非 DOM 方法中的"click"。

在 IE 中使用 attachEvent( ) 与使用 DOM0 级方法的主要区别在于事件处理程序的作用域。在使用 DOM0 级方法的情况下，事件处理程序会在其所属元素的作用域内运行。在使用 attachEvent( ) 方法的情况下，事件处理程序会在全局作用域中运行，因此 this 等于 window，如示例代码 4-26 所示。

示例代码 4-26

```
btn.attachEvent("onclick", function( ) {
    alert(this == window);  //true
});
```

与 addEventListener( ) 类似，attachEvent( ) 方法也可以用来为一个元素添加多个事件处理程序，如示例代码 4-27 所示。

示例代码 4-27

```
btn.attachEvent("onclick", function( ) {
    alert("clicked");
```

```
    });
    btn.attachEvent("onclick", function(){
        alert("hello world");
    });
```

示例代码 4-27 使用 attachEvent()为同一个按钮添加了两个不同的事件处理程序。与 DOM 事件不同的是,这些事件处理程序不是以添加时的顺序执行,而是以相反的顺序被触发。单击这个按钮,首先会看到"hello world",然后才是"clicked"。

使用 attachEvent()添加的事件可以通过 detachEvent()来移除,条件是必须提供相同的参数。这意味着添加的匿名函数将不能被移除。不过,只要能够将对相同函数的引用传给 detachEvent(),就可以移除相应的事件处理程序,如示例代码 4-28 所示。

```
示例代码 4-28
var handler = function(){
    alert(this.id);
}
btn.attachEvent("onclick", handler);
btn.detachEvent("onclick", handler);
```

示例代码 4-28 将保存在变量 handler 中的函数作为事件处理程序。因此,后面的 detachEvent()可以使用相同的函数来移除事件处理程序。

事件就是与浏览器或文档交互的瞬间,结合以上技能点所学知识,实现滑动验证码功能。许多项目在登录验证中通过鼠标滑动来实现验证,它是根据鼠标滑动轨迹和坐标位置,计算拖动速度等来判断是否为人为操作。相关代码运行效果如图 4-8 至图 4-10 所示。

图 4-8　滑动前

请拖z　>>　解锁

图 4-9　滑动过程中

验证通过

图 4-10 验证通过

通过以上效果图,编辑代码,实现对应结果。

第一步:结合以上效果图可知,页面由三个 div 组成,它们形成了滑块和底部进度条的效果。首先编写页面代码,具体代码如示例代码 4-29 所示。

示例代码 4-29

```
<div class="drag">
    <div class="bg"></div>
    <div class="text" onselectstart="return false;"> 请拖动滑块解锁 </div>
    <div class="btn">&gt; &gt; </div>
</div>
```

此时页面效果如图 4-11 所示。

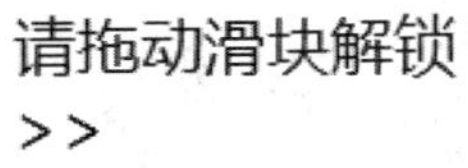

请拖动滑块解锁
\> \>

图 4-11 设计滑块

第二步:编写页面以及控件的 CSS 样式,具体代码如示例代码 4-30 所示。

示例代码 4-30

```
<style>
    .drag{
        width: 300px;
        height: 40px;
        line-height: 40px;
        background-color: #e8e8e8;
        position: relative;
        margin: 0 auto;
    }
    .bg{
        width: 40px;
        height: 100%;
        position: absolute;
        background-color: #75CDF9;
    }
```

```
        .text{
          position: absolute;
          width: 100%;
          height: 100%;
          text-align: center;
          user-select: none;
        }
        .btn{
          width: 40px;
          height: 38px;
          position: absolute;
          border: 1px solid #ccc;
          cursor: move;
          font-family: " 宋体 ";
          text-align: center;
          background-color: #fff;
          user-select: none;
          color: #666;
        }
    </style>
```

运行程序，效果如图 4-12 所示。

```
   >>              请拖动滑块解锁
```

图 4-12   滑块添加样式

在设置完 CSS 样式以后，页面中的控件还无法实现任何功能操作，只是一个静态视图。

第三步：开始编写 JS 代码，通过设置相关函数来实现对应的效果。首先定义一个获取 DOM 元素的方法，具体代码如示例代码 4-31 所示。

示例代码 4-31

```
    var $ = function (selector) {
      return document.querySelector (selector);
    },
    // 容器
    box = $ (".drag"),
    // 背景
    bg = $ (".bg"),
```

```
// 文字
text = $(".text"),
// 滑块
btn = $(".btn"),
// 是否通过验证的标志
success = false,
// 滑动成功的宽度(距离)
distance = box.offsetWidth - btn.offsetWidth;
```

第四步：给滑块设置鼠标按下事件，具体代码如示例代码 4-32 所示。

示例代码 4-32

```
btn.onmousedown = function(e){
// 鼠标按下之前必须清除后面设置的过渡属性
btn.style.transition = "";
bg.style.transition ="";
// 当滑块位于初始位置时，得到鼠标按下时的水平位置
var e = e || window.event;
var downX = e.clientX;
```

上述代码中 clientX 事件属性会返回当事件被触发时，鼠标指针在浏览器页面(或客户区)的水平坐标。

第五步：给页面中的文本内容设置鼠标移动事件，具体代码如示例代码 4-33 所示。

示例代码 4-33

```
document.onmousemove = function(e){
var e = e || window.event;
// 获取鼠标移动后的水平位置
var moveX = e.clientX;
// 得到鼠标水平位置的偏移量(鼠标移动时的位置 - 鼠标按下时的位置)
var offsetX = moveX - downX;
// 判断鼠标水平移动的距离与滑动成功的距离之间的关系
if( offsetX > distance){
// 如果滑过了终点，就将它停留在终点位置
  offsetX = distance;
}else if( offsetX < 0){
// 如果滑到了起点的左侧，就将它重置为起点位置
  offsetX = 0;
}
// 根据鼠标移动的距离来动态设置滑块的偏移量和背景颜色的宽度
```

```
        bg.style.width = offsetX +"px";
        // 如果鼠标的水平移动距离 = 滑动成功的宽度
        if( offsetX == distance ){
            // 设置滑动成功后的样式
            text.innerHTML = " 验证通过 ";
            text.style.color = "#fff";
            btn.innerHTML = "&radic;";
            btn.style.color = "green";
            bg.style.backgroundColor ="lightgreen";
            // 设置滑动成功后的状态
            success = true;
            // 成功后，清除鼠标按下事件和移动事件（因为移动时并不会涉及鼠标松开
事件）
            btn.onmousedown = null;
            document.onmousemove = null;
            // 成功解锁后的回调函数
            setTimeout(function(){
                alert(' 解锁成功！');
            },100);
        }
    }
```

上述代码中通过鼠标移动的距离来动态设置滑块的偏移量和背景颜色的宽度，如果解锁成功，背景颜色变为绿色，文字变为验证通过，弹窗提示"解锁成功"，具体效果如图 4-13 至图 4-14 所示。

图 4-13   验证通过

localhost:63342 显示

解锁成功！

确定

图 4-14   提示解锁成功

结合上述效果图以及代码，如果在滑动的过程中松开鼠标结果会如何？由于还未设置

鼠标松开事件,所以只要点击完滑动块就只能向右滑动完成解锁,否则无法解除文本内容的鼠标移动事件。

　　第六步:给页面中的文本设置鼠标松开事件。如果鼠标松开时滑块到了终点,则验证通过,否则滑块复原,具体代码如示例代码 4-34 所示。

示例代码 4-34

```
document.onmouseup = function(e){
    // 如果鼠标松开,滑块到了终点,则验证通过
    if(success){
        return;
    }else{
        // 反之,则将滑块复位(设置了 1s 的属性过渡效果)
        btn.style.left = 0;
        bg.style.width = 0;
        btn.style.transition = "left 1s ease";
        bg.style.transition = "width 1s ease";
    }
    // 只要鼠标松开了,说明此时不需要拖动滑块了,那么就清除鼠标移动和松开
事件
    document.onmousemove = null;
    document.onmouseup = null;
    }
}
```

　　此时所有的 JS 代码全部编写完成,运行程序,实现滑动滑块解锁,松开滑块复原的效果。效果如图 4-14 所示。

图 4-14　提示"解锁成功"

　　本任务通过滑块验证的实现,对事件对象 event 的属性和方法进行了介绍,并了解了鼠标事件和表单事件的实现机制,掌握了事件处理的使用方式。

event	发生的事情	click	点击,单击
handler	操作者,搬运工	target	目标
mouseup	松开鼠标	load	负载
wheel	旋转	focus	中心点
location	定位	focusout	焦点

一、选择题

1. 下列不属于事件发生过程的是(　　　)。

A. 事件捕获阶段　　　　B. 事件目标阶段　　　　C. 事件冒泡阶段　　　　D. 事件结束阶段

2. 下列关于事件对象描述正确的是(　　　)。

A. 在触发 DOM 上的某个事件时,会产生多个事件对象 event

B. 在触发 DOM 上的某个事件时,会产生一个事件对象 event

C. 在触发 DOM 上的某个事件时,不会产生事件对象 event

D. 事件对象是用来记录一些事件发生时的相关信息的对象,随时都会产生

3. 在冒泡事件中,如果点击了页面中的一个 div 元素,那么这个 click 事件可能会按照如下哪个顺序传播(　　　)。

A. < div > → < body > → < html > → document

B. < body > → < div > → < html > → document

C. < html > → < div > → < body > → document

D. < div > → < html > → < body > → document

4. 以下描述正确的选项是(　　　)。

A. 当到达目标元素之后,不会执行该目标元素事件相应的处理函数

B. 事件捕获过程中, document 对象首先接受 click 事件,然后事件沿 DOM 树依次向下,一直传播到事件的实际目标

C. 鼠标事件指与鼠标相关的事件,继承了 document 接口

D. 原始事件模型也叫 DOM2 级事件模型

5. 下列鼠标事件描述错误的选项是(　　)。

A. click:按下鼠标(通常是按下主按钮)时触发

B. mousedown:按下鼠标键时触发

C. wheel:滚动鼠标的滚轮时触发,该事件继承的是 WheelEvent 接口

D. mouseout:鼠标进入一个节点时触发,进入子节点会再一次触发该事件

二、填空题

1. click 事件指的是,用户在同一个位置先完成 _____ 动作,再完成 _____ 动作。

2. MouseEvent 接口代表了鼠标相关的事件, _____ 、_____ 、松开鼠标键(mouseup)、_____ 等动作。

3. 键盘事件由用户击打键盘触发,主要有 _____ 、_____ 、_____ 三个事件。

4. 表单事件指的是对 _____ 操作时发生的事件。

5. IE 的事件机制没有捕获阶段,事件流是非标准的,只有_____和_____。

项目五　数据交互

JavaScript 可以发送 http 请求获取数据和信息，但是需要使用 AJAX。AJAX 是一个前后台配合的技术，AJAX 技术的原理是实例化 XMLHttp 对象，使用此对象与后台进行通信。本讲通过对 AJAX 的讲解，学习 JavaScript 中前后台数据交互的相关知识。在任务实现过程中：

- 了解什么是 AJAX；
- 熟悉 AJAX 的原理和使用方式；
- 掌握异步与同步的实现原理；
- 培养独立编写数据交互案例的能力。

课程思政

【情境导入】

在项目开发中,利用 get 和 post 方法即可从前端向后端发送数据,后端将数据接收并链接到数据库,进行数据库操作,再将数据库的数据返回到前端,那么此时前端如何接收后端传过来的数据呢。本项目主要通过"钟表与日期"的案例来学习 JavaScript 数据交互的使用。

【功能描述】

- 编写 HTML 页面代码。
- 编写外部 CSS 文件。
- 编写外部 JS 文件。
- 在 HTML 页面内引入 CSS、JS 文件。

技能点一　AJAX 介绍

在早期的网页制作中,如果用户在浏览过程中需要更新内容,必须重新加载整个页面,大大降低了用户体验。那么如何提高用户体验呢? 通过 AJAX 可以创建快速动态网页,在不重新加载整个页面的情况下,对页面中部分内容进行更新。

1. 什么是 AJAX

传统的 Web 应用交互首先由用户触发一个 HTTP 请求到服务器,服务器对其进行处理后再返回一个新的 HTML 页面到客户端。在这一过程中,无论客户端提交的请求有多么小,都要返回一个完整的 HTML 页面,由于每次应用的交互都需要向服务器发送请求,应用的响应时间就依赖于服务器的响应时间。这导致了用户界面的响应比本地应用慢得多,从而降低了用户体验,传统 Web 应用模型如图 5-1 所示。

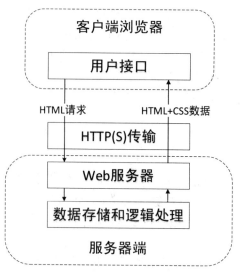

图 5-1　传统 Web 应用模型

AJAX 即"Asynchronous Javascript And XML"（异步 JavaScript 和 XML），是指一种创建交互式网页应用的网页开发技术。通过在后台与服务器进行少量数据交换，AJAX 可以使网页实现异步更新。这意味着可以在不重新加载整个网页的情况下，对网页的某部分进行更新。AJAX Web 应用模型如图 5-2 所示。

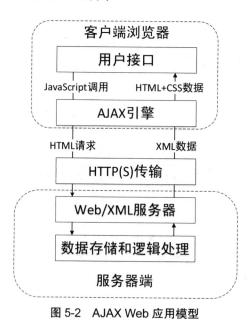

图 5-2　AJAX Web 应用模型

2.AJAX 的优缺点

1）AJAX 的主要优点

（1）无须刷新更新数据。

AJAX 能在不刷新整个页面的前提下与服务器通信维护数据。这使得 Web 应用程序更为迅捷地响应用户交互，并避免了在网络上发送没有改变的信息，减少用户等待时间，带来非常好的用户体验。

（2）异步与服务器通信。

AJAX 使用异步方式与服务器通信，不需要打断用户的操作，具有更加迅速的响应能力，同时优化了 Browser 和 Server 之间的沟通，减少不必要的数据传输时间及降低网络上的数据流量。

（3）前后端负载平衡。

AJAX 可以把以前一些服务器负担的工作转嫁到客户端，利用客户端闲置的能力来处理，减轻服务器和带宽的负担，节约空间和宽带租用成本。AJAX 的原则是"按需取数据"，可以最大限度地减少冗余请求和响应对服务器造成的负担，提升站点性能。

（4）基于标准被广泛支持。

AJAX 基于标准化的并被广泛支持的技术，不需要下载浏览器插件或者小程序，但需要客户允许 JavaScript 在浏览器上执行。随着 AJAX 的成熟，一些简化 AJAX 使用方法的程序库也相继问世。同样，也出现了另一种辅助程序设计的技术，为不支持 JavaScript 的用户提供替代功能。

（5）界面与应用分离。

AJAX 使 Web 中的界面与应用分离（也可以说是数据与呈现分离），有利于分工合作、减少非技术人员对页面的修改造成的 Web 应用程序错误，提高效率，也更加适用于现在的发布系统。

2）AJAX 的缺点

（1）对浏览器机制有破坏。

（2）安全问题。

（3）对搜索引擎支持较弱。

（4）破坏程序的异常处理机制。

（5）AJAX 不能很好支持移动设备。

3. AJAX 所用技术

AJAX 基于因特网标准，并使用以下技术组合：

（1）XMLHttpRequest 对象（与服务器异步交互数据）；

（2）JavaScript/DOM（显示 / 取回信息）；

（3）CSS（设置数据的样式）；

（4）XML（常用作数据传输的格式）。

4. XMLHttpRequest 介绍

AJAX 的核心是 XMLHttpRequest 对象（XHR）。XHR 为向服务器发送请求和解析服务器响应提供了接口，能够以异步方式从服务器获取新数据。

XHR 的主要方法如下。

1）void open（String method、String url、Boolen async）

该方法主要用于创建请求，参数说明如下。

（1）method：请求方式（字符串类型），如，POST、GET、DELETE……

（2）url：要请求的地址（字符串类型）。

（3）async：是否异步（布尔类型）。

2）void send（String body）

该方法主要用于发送请求，参数说明如下。

body：要发送的数据（字符串类型）。

3）void setRequestHeader（String header、String value）

该方法主要用于设置请求头，参数说明如下。

（1）header：请求头的 key（字符串类型）。

（2）vlaue：请求头的 value（字符串类型）。

4）String getAllResponseHeaders（）

该方法主要用于获取所有响应头，返回值为响应头数据（字符串类型）。

5）String getResponseHeader（String header）

该方法主要用于获取响应头中指定 header 的值，参数说明如下。

header：响应头的 key（字符串类型）。其返回值为响应头中指定的 header 对应的值。

6）void abort（）

该方法用于终止请求。

5.XMLHttpRequest 主要属性

XMLHttpRequest 对象常用以下三个属性。

1）onreadystatechange 属性

onreadystatechange 属性存有处理服务器响应的函数。以下示例代码定义一个空的函数，可同时对 onreadystatechange 属性进行设置，如示例代码 5-1 所示。

示例代码 5-1
| ```
xmlHttp.onreadystatechange = function（）{
    // 其他代码
}
``` |

2）readyState 属性

readyState 属性存有服务器响应的状态信息。每当 readyState 改变时，onreadystatechange 函数就会执行。

向上述 onreadystatechange 函数添加一条 If 语句，来测试响应是否已完成（意味着可获得数据），如示例代码 5-2 所示。

示例代码 5-2
| ```
xmlHttp.onreadystatechange = function（）{
    if（xmlHttp.readyState == 4）{
        // 从服务器的 response 获得数据
    }
}
``` |

3）responseText 属性

responseText 属性可以取回由服务器返回的数据。在示例代码 5-2 中，将时间文本框的值设置为等于 responseText，如示例代码 5-3 所示。

示例代码 5-3

```
xmlHttp.onreadystatechange = function ( ) {
  if (xmlHttp.readyState == 4) {
    document.myForm.time.value = xmlHttp.responseText;
  }
}
```

除此之外，XMLHttpRequest 还有一些其他的属性，如表 5-1 所示。

表 5-1　XMLHttpRequest 其他属性

属性	描述
responseXML	服务器的响应,返回数据的兼容 DOM 的 XML 文档对象 ,这个对象可以解析为一个 DOM 对象
responseBody	服务器返回的主题（非文本格式）
responseStream	服务器返回的数据流
status	服务器的 HTTP 状态码（如 404="文件末找到"、200 ="成功"等等）
statusText	服务器返回的状态文本信息，HTTP 状态码的相应文本（OK 或 Not Found（未找到）等）

技能点二　AJAX 原理及使用

AJAX 的原理是通过 XMLHttpRequest 对象来向服务器发送异步请求,从服务器获数据后,用 JavaScript 来操作 DOM 而更新页面。其中从服务器获得请求数据为最关键的步骤之一。

1.AJAX 工作原理

AJAX 的工作原理相当于在用户和服务器之间加了一个中间层（AJAX 引擎）,使用户操作与服务器响应异步化。并不是所有的用户请求都提交给服务器,像一些数据验证和数据处理等都交给 AJAX 引擎自己来做,只有确定需要从服务器读取新数据时才由 AJAX 引擎代为向服务器提交请求,其原理如图 5-3 所示。

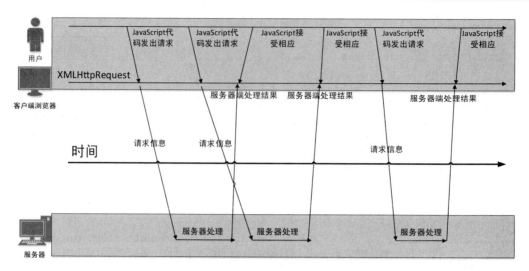

图 5-3　AJAX 的工作原理

2.AJAX 使用

要想实现 AJAX，需要完成以下步骤。

1）创建 XMLHttpRequest 对象

创建 XMLHttpRequest 对象的语法如示例代码 5-4 所示。

示例代码 5-4
var xmlHttp=new XMLHttpRequest()；

如果是 IE5 或者 IE6 浏览器，则使用 ActiveX 对象，创建方法如示例代码 5-5 所示。

示例代码 5-5
var xmlHttp=new ActiveXObject（"Microsoft.XMLHttp"）；

注意在写 AJAX 的时候，首先要判断该浏览器是否支持 XMLHttpRequest 对象，如果支持则创建该对象，如果不支持则创建 ActiveX 对象，如示例代码 5-6 所示。

示例代码 5-6
var xmlHttp； if（window.XMLHttpRequest）{　　　　// 非 IE 　xmlHttp = new XMLHttpRequest（）； } else if（window.ActiveXObject）{　　//IE 　xmlHttp = new ActiveXObject（"Microsoft.XMLHttp"） }

2）设置请求方式

在 Web 开发中，通常采用 XMLHttpRequest 对象的 open（）方法进行设置。请求具有两种形式：get 和 post。

（1）get。

get 最常用于向服务器查询某些信息，它适用于 URL 完全指定请求资源、请求对服务器没有任何副作用以及服务器的响应是可缓存的情况下。

数据发送：使用 get 方式发送请求时，数据被追加到 open（）方法中 URL 的末尾。数据以问号开始，名和值之间用等号连接，名值对之间用 & 分隔。使用 get 方式发送的数据常常被称为查询字符串，如示例代码 5-7 所示。

示例代码 5-7
xmlHttp.open（"get"，"example.php？ name1=value1&name2=value2"，true）

编码：由于 URL 无法识别特殊字符，所以如果数据中包含特殊字符（如中文），则需要使用 encodeURIComponent（）进行编码，如示例代码 5-8 所示。

示例代码 5-8
var url = 'test.php' +'？ name=' + encodeURIComponent（"同学，你好！"）； xmlHttp.open（'get'，url，true）；

缓存：在 get 请求中，为了避免缓存的影响，可以向 URL 添加一个随机数，如示例代码 5-9 所示。

示例代码 5-9
xmlHttp.open（'get'，url+'&'+Number（new Date（）），true）；

（2）post。

post 通常用于服务器发送应该被保存的数据，如 HTML 表单。它在请求主体中包含额外数据且这些数据常存储到服务器上的数据库中。相同 URL 的重复 post 请求从服务器得到的响应可能不同，同时不应该缓存使用这个方法的请求。

post 请求应该把数据作为请求的主体提交，而 get 请求传统上不是这样的。post 请求的主体可以包含非常多的数据，而且格式不限。在 open（）方法第一个参数的位置传入"post"，就可以初始化一个 post 请求。

设置和服务器端交互的相应参数，向路径 http：//localhost：8080/nihao/getAjax 发送数据，如示例代码 5-10 所示。

示例代码 5-10
var url = "http：//localhost：8080/nihao/getAjax"； xmlHttp.open（"POST"，url，true）；

（3）异步处理请求。

AJAX 指的是异步 JavaScript 和 XML（Asynchronous JavaScript and XML）。XML-HttpRequest 对象如果用于 AJAX，其 open（）方法的 async 参数必须设置为 true。对于 Web 开发人员来说，发送异步请求是一个巨大的进步。很多在服务器执行的任务都相当费时。AJAX 出现之前，这可能会引起应用程序挂起或停止。通过 AJAX 和 JavaScript 则无须等待服务器的响应，在等待服务器响应时执行其他脚本或当响应就绪后对响应进行处理。

3）调用回调函数

若 open 方法的 async 参数选择的是 true，那么当前就是异步请求，此时需在 XML-

HttpRequest 对象的 onreadystatechange 属性中编写一个回调函数，即可返回一个匿名方法，如示例代码 5-11 所示。

示例代码 5-11

```
xmlHttp.onreadystatechange=function{}
```

function{} 内部就是回调函数的内容。回调函数的功能就是请求在后台处理完，再返回到前台。在这个例子里，回调函数要实现的功能就是接收后台处理后反馈给前台的数据，然后将这个数据显示到指定的 div 上。因为从后台返回的数据可能是错误的，所以在回调函数中首先要判断后台返回的信息是否正确，如果正确才可以继续执行，如示例代码 5-12 所示。

示例代码 5-12

```
// 注册回调函数
xmlHttp.onreadystatechange = function ( ) {
    if ( xmlHttp.readyState == 4 ) {
        if ( xmlHttp.status == 200 ) {
            var obj = document.getElementById ( id ) ;
            obj.innerHTML = xmlHttp.responseText ;
        } else {
            alert ( "AJAX 服务器返回错误！" ) ;
        }
    }
}
```

在示例代码 5-12 中，xmlHttp.readyState 存有 XMLHttpRequest 的状态，其从 0 到 4 发生变化（0：请求未初始化；1：服务器连接已建立；2：请求已接收；3：请求处理中；4：请求已完成，且响应已就绪）。所以此处判断只有当 xmlHttp.readyState 为 4 时才可以继续执行。

xmlHttp.status 是服务器返回的结果，其中 200 代表正确，404 代表未找到页面，所以只有当 xmlHttp.status 等于 200 时才可以继续执行。

在上述代码中，var obj = document.getElementById (id) 和 obj.innerHTML = xmlHttp.responseText 是回调函数的核心内容，就是获取后台返回的数据，然后将这个数据赋值给 id 为 testid 的 div。xmlHttp 对象的两个属性都可以获取后台返回的数据，分别是 responseText 和 responseXML，其中 responseText 是用来获得字符串形式的响应数据，responseXML 是用来获得 XML 形式的响应数据。选择哪一个属性取决于后台返回的数据，上述例子里只显示一条字符串数据所以选择的是 responseText。

4）发送请求

设置发送请求的内容和发送报送，然后发送请求，如示例代码 5-13 所示。

示例代码 5-13

```
var params = "userName=" + document.getElementsByName("userName")[0].value
+ "&userPass=" + document.getElementsByName("userPass")[0].value + "&time="
+ Math.random(); // 增加 time 随机参数,防止读取缓存
xmlHttp.setRequestHeader("Content-type", "application/x-www-form-urlencoded; char-
set=UTF-8"); // 向请求添加 HTTP 头,POST 如果有数据一定要加!
xmlHttp.send(params);
```

注意当需要像 HTML 表单那样的 post 数据时,应该使用 setRequestHeader()添加 HTTP 头;然后在 send()方法中规定希望发送的数据,如示例代码 5-14 所示。

示例代码 5-14

```
xmlHttp.open("POST","/jQueryAjax/postPersonInfor",true);
xmlHttp.setRequestHeader("Content-type","application/x-www-form-urlencoded");
xmlHttp.send(data);//data 表单中需要提交的数据(字符串)
setRequestHeader 语法:
setRequestHeader(header,value):向请求添加 HTTP 头。
```

参数说明:
①header 用于规定头的名称;
②value 用于规定头的值。

3.AJAX 运行状态说明

1)状态值说明

在 AJAX 实际运行当中,访问 XMLHttpRequest(XHR)并不是一次完成的,而是分别经历了多种状态后取得的结果,在 AJAX 中共有五种状态。

0:(未初始化)还没有调用 send()方法。

1:(载入)已调用 send()方法,正在发送请求。

2:(载入完成)send()方法执行完成。

3:(交互)正在解析响应内容。

4:(完成)响应内容解析完成,可以在客户端调用了。

上述状态中"0"是在定义后自动具有的状态值,而对于成功访问的状态(得到信息)大多数采用"4"进行判断。

2)状态码说明

1**:表示请求收到,继续处理。

2**:表示操作成功收到,分析、接收。

3**:表示完成此请求必须进一步处理。

4**:表示请求包含一个错误语法或不能完成。

5**:表示服务器执行一个完全有效请求失败。

具体状态码如表 5-2 所示。

表 5-2　状态码

状态码	说明
1**	100——客户必须继续发出请求； 101——客户要求服务器根据请求转换 HTTP 协议版本
2**	200——交易成功； 201——提示知道新文件的 URL； 202——接受和处理、但处理未完成； 203——返回信息不确定或不完整； 204——请求收到，但返回信息为空； 205——服务器完成了请求,用户代理必须复位当前已经浏览过的文件； 206——服务器已经完成了部分用户的 get 请求
3**	300——请求的资源可在多处得到； 301——删除请求数据； 302——在其他地址发现了请求数据； 303——建议客户访问其他 URL 或访问方式； 304——客户端已经执行了 get,但文件未变化； 305——请求的资源必须从服务器指定的地址得到； 306——前一版本 HTTP 中使用的代码，现行版本中不再使用； 307——申明请求的资源临时性删除
4**	400——错误请求,如语法错误； 401——请求授权失败； 402——保留有效 ChargeTo 头响应； 403——请求不允许； 404——没有发现文件、查询或 URL； 405——用户在 Request-Line 字段定义的方法不允许
5**	500——服务器产生内部错误； 501——服务器不支持请求的函数； 502——服务器暂时不可用,有时是为了防止发生系统过载； 503——服务器过载或暂停维修； 504——关口过载,服务器使用另一个关口或服务来响应用户,等待时间设定值较长； 505——服务器不支持或拒绝支持请求头中指定的 HTTP 版本

4. 数据交换格式

在计算机不同编程语言之间进行数据传输,需要一种通用的数据交换格式,它需要具备简洁、易于数据储存、快速读取等特点,且独立于各种编程语言。同时需要一种大家都能听得懂的"语言",这就是数据交换格式,它通过文本以特定的形式来进行描述数据。最常用的数据交换格式有 XML 和 JSON。

1）XML 数据交换格式

XML（Extensible Markup Language）为可扩展的标记语言,主要用于描述数据和用作配置文件,是当前编程中最为流行的数据交换格式,拥有跨平台、跨语言的优势。

XML 语法格式如下。

（1）声明。

声明定义 XML 文件版本以及字符集。

（2）根标签。

XML 文档有且只有一个根元素，其他元素都是这个根元素的子元素。根元素的起始标记要放在其他元素的起始标记之前；根元素的结束标记要放在其他元素的结束标记之后。

（3）子元素。

子元素必须出现在根元素内，可自定义。其属于双标记，如只出现开始标记，系统将会提示错误，所有的空标记也必须被关闭。子元素对大小写敏感，例如"<P>"和"<p>"是不同的标记。

（4）属性。

一个元素可以拥有多个名字不同的属性，所有属性值必须加引号（可以是单引号，也可以是双引号，建议使用双引号），否则将被视为错误。

如示例代码 5-15 所示。

```
示例代码 5-15
<? xml version="1.0" encoding="UTF-8" ? >
<dates>
  <date>
    <id>1</id>
    <name>JSON</name>
    <abb>JavaScript Object Notation</abb>
  </date>
  <date>
    <id>2</id>
    <name>XML</name>
    <abb>eXtensible Markup Language</abb>
  </date>
</dates>
```

2）JSON 数据交换格式

JSON（JavaScript Object Notation）是一种轻量级的数据交换格式，它是基于 JavaScript 的一个子集，结合 AJAX（异步请求）使用。JSON 易于阅读和编写，同时也易于机器解析和生成；与 XML 相比，JSON 更具简单性和灵活性。

JSON 数据格式非常简单，有以下四点：

①并列数据之间用逗号（,）分隔；

②映射用冒号（:）表示；

③并列数据的集合用方括号（[]）表示；

④映射的集合用大括号（{}）表示。

对象以"{"开始，"}"结束。每个"名称"后跟一个":"；"'名称/值'对"之间用","分隔；名称用引号括起来；值如果是字符串则必须用括号，数值型则不需要，如示例代码 5-16

所示。

示例代码 5-16

```
{
  " 站长 ": "aa,QQ:6666666",
  " 域名 ": "https://www.baidu.com",
  " 开发语言 ": " Java ",
  " 编码 ": "UTF-8"
}
```

数组是值（value）的有序集合。一个数组以"["开始，"]"结束。值之间运用","分隔，如示例代码 5-17 所示。

示例代码 5-17

```
{
  " 技术使用 ": [
    "SpringMVC",
    "Mybatis ",
    "Freemarker",
    "Shiro"
  ],
  " 数据存储 ": [
    "Redis",
    "RDS",
    " 云存储 "
  ]
}
```

在数据传输流程中，JSON 是以文本,即字符串的形式传递的,而 JS 操作的是 JSON 对象。所以 JSON 对象和 JSON 字符串之间的相互转换是关键。

JSON 字符串如示例代码 5-18 所示。

示例代码 5-18

```
// 外面是用单引号 "'" 引用。
var data='{"name":"json","url":"www.baidu.com"}';
// 外面用双引号就要用反斜杠 '\'。
var data="{\"name\":\"json\",\"url\":\"www.sojson.com\"}";
```

JSON 对象如示例代码 5-19 所示。

示例代码 5-19

```
var data={"name":"json","url":"www.baidu.com"};
```

可以运用 toJSONString（）或者全局的 JSON.stringify（）函数将 JSON 对象转化为 JSON 字符串,如示例代码 5-20 所示。

示例代码 5-20

```
// 将 JSON 对象转化为 JSON 字符
var jsonstr = data.toJSONString（）;
// 或者这样
// 将 JSON 对象转化为 JSON 字符
var jsonstr = JSON.stringify（data）;
```

技能点三　异步与同步

JavaScript 是单线程（所谓单线程,是指在 JS 引擎中负责解释和执行 JavaScript 代码的线程只有一个,也可以叫它主线程）,因此在同一时间只能处理一个任务,其他任务都需要排队。如果前一个任务的执行时间很长,如文件的读取操作或 AJAX 操作,后一个任务就必须等待,严重影响用户体验。JavaScript 在设计时,就已经考虑到这个问题,在 JavaScript 中将这些耗时的操作封装为异步的方法,等到这些任务完成后就将后续的处理操作封装为 JavaScript 任务放入执行任务队列中,等待 JavaScript 线程空闲时被执行。所以任务就可以分为同步任务和异步任务。

1. 同步和异步

1）同步任务

同步任务是指在主线程上排队执行的任务,只有前一个任务执行完毕,才能继续执行下一个任务。例如当打开网站时,网站的渲染过程,比如元素的渲染,其实就是一个同步任务,如示例代码 5-21 所示。

示例代码 5-21

```
console.log（' 我要做第一件事情 '）;
console.log（' 我要做第二件事情 '）;
```

上述代码的实现就叫做同步,也就是说按照顺序去做,做完第一件事情之后,再去做第二件事情。

2）异步任务

（1）异步介绍。

异步任务是指不进入主线程,而进入任务队列的任务,只有任务队列通知主线程,某个异步任务可以执行了,该任务才会进入主线程。例如当打开网站时,图片和音乐的加载就是一个异步任务,如示例代码 5-22 所示。

```
示例代码 5-22
console.log('我要做第一件事情');
setTimeout(function() {
  console.log('我突然有事,晚点再做第二件事情');
},1000)
console.log('我要做第三件事情');
```

示例代码 5-22 的实现就叫做异步,也就是说不完全按照顺序去做,遇到突发情况,第二件事情不能立刻完成,所以等待一段时间再去完成,优先去做第三件事情,这样就不耽误时间了。

(2)异步机制。

首先要知道任务队列(消息队列),通过前面的介绍了解到异步任务不会进入主线程,而先进入任务队列。任务队列其实是一个先进先出的数据结构,也是一个事件队列,例如文件读取操作。因为这是一个异步任务,因此该任务会被添加到任务队列中,等到 IO 完成后,就会在任务队列中添加一个事件,表示异步任务完成,可以进入执行栈。但是此时主线程不一定有空,当主线程处理完其他任务时,就会读取任务队列,排在前面的事件会被优先处理,如果该任务指定了回调函数,那么主线程在处理该事件时,就会执行回调函数中的代码,也就是执行异步任务。

单线程从任务队列中读取任务是不断循环的,每次栈被清空后,都会在任务队列中读取新的任务,如果没有任务,就会等待,直到有新的任务,这就叫任务循环。因为每个任务都是由一个事件触发的,因此也叫做事件循环。

总的来说,JavaScript 的异步机制如下(同步执行也是如此,因为它们可以被视为没有异步任务的异步执行)。

①所有同步任务都在主线程上执行,行成一个执行栈。

②主线程之外,还存在一个任务队列(task queue),只要异步任务有了结果,就会在任务队列中放置一个事件。

③一旦执行栈中的所有同步任务执行完毕,系统就会读取任务队列,查看里面还有哪些事件以及哪些对应的异步任务,然后结束等待状态,进入执行栈,开始执行。

④主线程不断地重复上面的第三步。

其整个过程如图 5-4 所示。

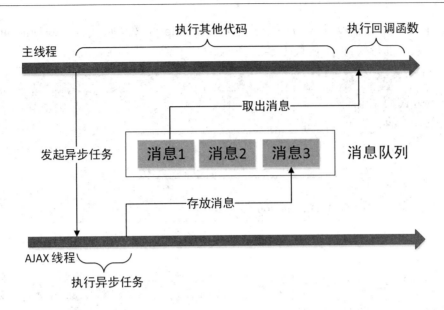

图 5-4　JavaScript 的异步机制

2. 异步函数

在 JS 当中最基础的异步操作就是 setTimeOut（）和 setInterval（）。JS 是单线程执行的（在程序执行时，所走的程序路径按照连续顺序排下来，前面的必须处理好，后面的才会执行）。setTimeOut 和 setInterval 通过将代码段插入到代码的执行队列中实现。计算插入的时间点需要定时器（timer）。当执行 setTimeout 和 setInterval 时，计时器会根据设定的时间"准确"地找到代码的插入点。

1）setTimeOut（）

setTimeout 函数用来指定某个函数或某段代码，在多少毫秒之后执行。它返回一个整数，表示定时器的编号，以后可以用来取消这个定时器。使用方式如示例代码 5-23 所示。

示例代码 5-23
var timerId = setTimeout（func|code, delay）

上述代码中，setTimeout 函数接受两个参数，第一个参数 func|code 是将要推迟执行的函数名或者一段代码，第二个参数 delay 是推迟执行的毫秒数，如示例代码 5-24 所示。

示例代码 5-24
console.log（1）； setTimeout（'console.log（2）',1000）； console.log（3）；

上述代码的输出结果就是 1，3，2，因为 setTimeout 指定第二行语句推迟 1000 毫秒再执行。

注意延时执行的代码必须以字符串的形式放入 setTimeout，因为引擎内部使用 eval 函数，将字符串转为代码。如果推迟执行的是函数，则可以直接将函数名放入 setTimeout。一方面 eval 函数有安全顾虑；另一方面为了便于 JavaScript 引擎优化代码，setTimeout 方法一般总采用函数名的形式，如示例代码 5-25 所示。

示例代码 5-25

```
function f(){
 console.log(2);
}
setTimeout(f,1000);
// 或者
setTimeout(function(){console.log(2)},1000);
```

除了前两个参数，setTimeout 还允许添加更多的参数。它们将接收推迟执行的函数，如示例代码 5-26 所示。

示例代码 5-26

```
setTimeout(function(a,b){
 console.log(a+b);
},1000,1,1);
```

上述代码中，setTimeout 共有四个参数。最后两个参数，将在 1000 毫秒之后回调函数执行时，作为回调函数的参数。

除了参数问题，setTimeout 还有一个需要注意的地方：被 setTimeout 推迟执行的回调函数是在全局环境执行的，这有可能不同于函数定义时的上下文环境，如示例代码 5-27 所示。

示例代码 5-27

```
var x = 1;
var o = {
  x: 2,
  y: function(){
  console.log(this.x);
  }
};
setTimeout(o.y,1000);
// 1
```

上述代码输出的是 1，而不是 2，这表示回调函数的运行环境已经变成了全局环境。

2）setInterval()

setInterval 函数的用法与 setTimeout 完全一致，区别仅仅在于 setInterval 指定某个任务每隔一段时间就执行一次，也就是无限次的定时执行，如示例代码 5-28 所示。

示例代码 5-28

```
<input type="button" onclick="clearInterval（timer）" value="stop">
<script>
  var i = 1
  var timer = setInterval（function（）{
    console.log（2）;
  }, 1000）;
</script>
```

示例代码 5-28 表示每隔 1000 毫秒就输出一个 2，直到用户点击了停止按钮。与 setTimeout 一样，除了前两个参数，setInterval 方法还可以接收更多的参数，他们会传入回调函数，如示例代码 5-29 所示。

示例代码 5-29

```
function f（）{
  for（var i=0;i<arguments.length;i++){
    console.log（arguments[i]）;
  }
}
setInterval（f, 1000，"Hello World"）;
// Hello World
// Hello World
// Hello World
// ...
```

如果网页不在浏览器的当前窗口（或 tab），许多浏览器限制 setInteral 指定的反复运行的任务最多每秒执行一次。setInterval 指定的是，"开始执行"之间的间隔。因此实际上，两次执行之间的间隔会小于 setInterval 指定的时间。假定 setInterval 指定每 100 毫秒执行一次，每次执行需要 5 毫秒，那么第一次执行结束后 95 毫秒，第二次执行就会开始。如果某次执行耗时特别长，比如需要 105 毫秒，那么它结束后，下一次执行就会立即开始，如示例代码 5-30 所示。

示例代码 5-30

```
var i = 1;
var timer = setInterval（function（）{
  alert（i++）;
}, 2000）;
```

上述代码每隔 2000 毫秒，就跳出一个 alert 对话框。如果用户一直不点击"确定"，整个浏览器就处于"堵塞"状态，后面的执行就一直无法触发，将会累积起来。例如，第一次跳出 alert 对话框后，用户过了 6000 毫秒才点击"确定"，那么第二次、第三次、第四次执行将累积起来,它们之间不会再有等待间隔。为了确保两次执行之间有固定的间隔,可以不用 setInterval,而是每次执行结束后,使用 setTimeout 指定下一次执行的具体时间。上面代码用 setTimeout,可以改成如示例代码 5-31 所示。

示例代码 5-31

```
var i = 1;
var timer = setTimeout(function() {
  alert(i++);
  timer = setTimeout(arguments.callee, 2000);
}, 2000);
```

示例代码 5-31 可以确保两次执行的间隔是 2000 毫秒。

3) clearTimeout() 和 clearInterval()

setTimeout 和 setInterval 函数,都返回一个表示计数器编号的整数值,将该整数传入 clearTimeout 和 clearInterval 函数,就可以取消对应的定时器,如示例代码 5-32 所示。

示例代码 5-32

```
var id1 = setTimeout(f, 1000);
var id2 = setInterval(f, 1000);
clearTimeout(id1);
clearInterval(id2);
```

---

4) setTimeout(f, 0)

setTimeout(f, 0) 指定某个任务在主线程最早可得的空闲时间执行,也就是说,尽可能早地执行。它在"任务队列"的尾部添加一个事件,因此要等到同步任务和"任务队列"现有的事件都处理完,才会得到执行。setTimeout(f, 0) 将第二个参数设为 0,作用是让 f 在现有的任务(脚本的同步任务和"任务队列"中已有的事件)一结束就立刻执行。也就是说,setTimeout(f, 0) 的作用是,尽可能早地执行指定的任务。setTimeout(f, 0) 指定的任务,最早也要到下一次 Event Loop 才会执行,如示例代码 5-33 所示。

示例代码 5-33

```
setTimeout(function() {
  console.log("Timeout");
}, 0);
function a(x) {
  console.log("a() 开始运行 ");
  b(x);
  console.log("a() 结束运行 ");
}
function b(y) {
  console.log("b() 开始运行 ");
```

```
    console.log(" 传入的值为 "+ y);
    console.log("b() 结束运行 ");
}
console.log(" 当前任务开始 ");
a(42);
console.log(" 当前任务结束 ");
// 当前任务开始
// a() 开始运行
// b() 开始运行
// 传入的值为 42
// b() 结束运行
// a() 结束运行
// 当前任务结束
// Timeout
```

上述代码说明,setTimeout(f, 0)必须要等到当前脚本的所有同步任务结束后才会执行。

setTimeout(f, 0)有几个非常重要的用途。它的一大应用是,可以调整事件的发生顺序。比如,网页开发中,某个事件先发生在子元素,然后冒泡到父元素,即子元素的事件回调函数,会早于父元素的事件回调函数被触发。如果,我们先让父元素的事件回调函数发生,就要用到 setTimeout(f, 0)。

技能点四　正则表达式

正则表达式是一种通用的工具,在 JavaScript、PHP、Java、Python、C++ 等几乎所有的编程语言中都能使用。但是,不同编程语言对正则表达式语法的支持不尽相同,有的编程语言支持所有的语法,有的仅支持一个子集。

1. 什么是正则表达式

正则表达式是由一个字符序列形成的搜索模式。当在文本中搜索数据时,可以用搜索模式来描述要查询的内容。正则表达式可以是一个简单的字符,或一种更复杂的模式。正则表达式可用于所有文本搜索和文本替换的操作。

2. 定义正则表达式

在 JS 中正则表达式的语法为:/ 正则表达式 /(修饰符),也叫字面量创建方式。如果需要进行复杂的索引,需要加上修饰符功能,如示例代码 5-34 所示。

示例代码 5-34

```
var reg = /pattern/flags
```

在示例代码 5-34 中 pattern 为正则表达式,flags 为标识(修饰符)。

还有一种实例创建的方式，也叫构造函数创建方式，如示例代码 5-35 所示。

示例代码 5-35

```
var reg = new RegExp(pattern, flags);
```

在示例代码 5-35 中 RegExp 是正则对象的构造函数，pattern 为正则表达式，flags 为标识（修饰符）。pattern 部分可以是任何简单或者复杂的正则表达式，可以包含字符类、限定符、分组、向前查找以及反向引用。每个正则表达式可带有一个或者多个标识（flags），用以标明正则表达式的行为。标识主要如下。

（1）i：忽略大小写匹配。

（2）m：多行匹配，即在到达一行文本末尾时还会继续寻常下一行中是否有与正则匹配的项。

（3）g：全局匹配，该模式应用于所有字符串，而非在找到第一个匹配项时停止。

字面量创建方式和构造函数创建方式的区别如下。

字面量创建方式不能进行字符串拼接，实例创建方式可以，如示例代码 5-36 所示。

示例代码 5-36

```
var regParam = 'cm';
var reg1 = new RegExp(regParam+'1');
var reg2 = /regParam/;
console.log(reg1);  //  /cm1/
console.log(reg2);  //  /regParam/
```

字面量创建方式特殊含义的字符不需要转义，实例创建方式需要转义，如示例代码 5-37 所示。

示例代码 5-37

```
var reg1 = new RegExp('\d');  //  /d/
var reg2 = new RegExp('\\d')  //  /\d/
var reg3 = /\d/;              //  /\d/
```

3. 常用的正则字符

1）普通字符

字母、数字、汉字、下划线以及没有特殊定义的标点符号，都是"普通字符"。表达式中的普通字符，在匹配一个字符串时，匹配与之相同的一个字符。

例如表达式"c"，在匹配字符串"abcde"时，匹配结果是：成功；匹配到的内容是："c"；匹配到的位置是：开始于 2，结束于 3。（下标从 0 开始还是从 1 开始，因当前编程语言的不同而可能不同。）

2）转义字符

一些不便书写的字符，采用在前面加"/"的方法，如表 5-3 所示。

表 5-3　"/"表达式

表达式	可匹配
/r, /n	标识回车和换行
/t	制表符
//	代表"/"本身

其他有特殊用处的标点符号，在前面加"/"后，就代表该符号本身。比如：^ 和 $ 都有特殊意义，如果要想匹配字符串中"^"和"$"字符，则表达式就需要写成"/^"和"/$"，如表 5-4 所示。

表 5-4　特殊表达式

表达式	可匹配
/^	匹配 ^ 符号本身
/$	匹配 $ 符号本身
/.	匹配小数点(.)本身

这些转义字符的匹配方法与"普通字符"类似，也是匹配与之相同的一个字符。例如表达式"/$d"，在匹配字符串"abc$de"时，匹配结果是：成功；匹配到的内容是："$d"；匹配到的位置是：开始于 3，结束于 5。

3）匹配字符的表达式

正则表达式中的一些表示方法，可以匹配"多种字符"其中的任意一个字符。比如，表达式"/d"可以匹配任意一个数字。虽然可以匹配其中任意字符，但是只能是一个，不是多个。例如扑克牌中大小王可以代替任意一张牌，但是只能代替一张牌。具体如表 5-5 所示。

表 5-5　多种字符表达式

表达式	可匹配
/d	任意一个数字，0~9 中的任意一个
/w	任意一个字母或数字或下划线，也就是 A~Z, a~z, 0~9, _ 中任意一个
/s	包括空格、制表符、换页符等空白字符的其中任意一个
.	小数点可以匹配除了换行符(/n)以外的任意一个字符

表达式"/s""/d""/w"表示特殊意义的同时，对应的大写字母表示相反的意义，如表 5-6 所示。

表 5-6　大写表达式

表达式	可匹配
/D	匹配所有的非数字字符
/W	匹配所有的字母、数字、下划线以外的字符
/S	匹配所有非空白字符（"/s" 可匹配各个空白字符）

使用 . 表示除了换行符以外的任意字符，如示例代码 5-38 所示。

示例代码 5-38

```
var reg=/./;
reg.test("a"); //true
reg.test("."); //true
reg.test("\r"); //false
reg.test("1\r");  // 存在一个 1，不是换行符，所以结果为 true
reg.test("\r\n");  //false
```

注意：如果以后要匹配 . 字符，不要直接写 .，想要匹配 qq 邮箱，写成 /qq.com/ 是错误，正确的写法为：/qq\.com/ 或 /qq[.]com/。

使用 \d 标识数字，如示例代码 5-39 所示。

示例代码 5-39

```
var reg=/\d/;
reg.test("1abc"); // 由于存在一个数字，所以结果为 true
reg.test("abcde"); // 由于不存在任何数字，所以结果为 false
// 扩展：
var _reg=/\d\d/;
_reg.test("1b");  // 不存在 2 个连续数字，所以结果为 false
_reg.test("a12c"); // 存在 2 个连续数字，结果为 true
```

使用 /w 匹配字母、数字或下划线，如示例代码 5-40 所示。

示例代码 5-40

```
var reg=/\w/;
reg.test("123");  // 存在数字，结果为 true
reg.test("a"); //true
reg.test("1"); //true
reg.test("_"); //true
reg.test("-"); //false
reg.test("."); //false
```

```
    reg.test（"1."）；//true
    reg.test（"_\r"）；//true
    reg.test（"\r"）；//false
```

使用 /s 表示一个空白字符,如示例代码 5-41 所示。

示例代码 5-41

```
    var reg=/\s/；
    reg.test（"abc def"）；// 存在一个空白,结果为 true
    reg.test（"abc\r123"）；// 存在一个 \r,结果为 true
    reg.test（"abc"）；//false
```

4）自定义匹配字符的表达式

使用方括号 [ ] 表示包含一系列字符,并能够匹配其中任意一个字符。用 [^] 包含一系列字符,则能够匹配其中字符之外的任意一个字符。同样的道理,虽然可以匹配其中任意一个字符,但是只能是一个,不是多个。具体如表 5-7 所示。

表 5-7　自定义表达式

表达式	可匹配
[ab5@]	匹配"a"或"b"或"5"或"@"
[^abc]	匹配"a","b","c"之外的任意一个字符
[f-k]	匹配"f"~"k"之间的任意一个字母
[^A-F0-3]	匹配"A"~"F","0"~"3"之外的任意一个字符

使用 [ ] 表示匹配任意一个字符,如示例代码 5-42 所示。

示例代码 5-42

```
    var reg=/[1a2b3]/；// 匹配这 5 个字符中的其中一个,只要满足其中,就是符合要求的
    reg.test（"a"）；// 结果为 true
    reg.test（"3"）；// 结果为 true
    reg.test（"cd56789"）；// 一个符合要求的字符都不存在,结果为 false
    reg.test（"a55555"）；// 结果为 true

    var reg2=/[123][abc]/；
    reg2.test（"2a"）；//true
    reg2.test（"3c"）；//true
    reg2.test（"defgh1c"）；// 存在符合条件的 1c,结果为 true
    reg2.test（"39"）；// 不满足

    var reg2=/[0-9]/；// 匹配数字 0 至 9 之间,任何一个数字 等价于 /\d/
```

```
var reg3=/[a-z]/;  // 匹配小写字母
var reg4=/[A-Z]/;  // 匹配大写字母
var reg5=/[a-zA-Z]/;// 匹配所有字母
var reg6=/[A-Za-z]/;//.........

var reg10=/[0-9abc]/;
reg10.test("3");//true
reg10.test("five");//false
reg10.test("banana");//true
```

用 [^] 表示包含一系列字符,并匹配其中字符之外的任意一个字符,如示例代码 5-43 所示。

示例代码 5-43

```
var reg=/[^123]/;  // 不是 1 并且 不是 2 并且 不是 3
reg.test("a");      //true
reg.test("3");      //false
reg.test("123");    // 没有 1,2,3 以外的字符,结果为 false
```

5)修饰匹配次数的特殊符号

以上讲到的表达式,无论是只能匹配一种字符的表达式,还是可以匹配多种字符其中任意一个的表达式,都只能匹配一次。如果使用表达式再加上修饰匹配次数的特殊符号,无须重复书写表达式就可以重复匹配。使用方法是:"次数修饰"放在"被修饰的表达式"后边。比如:"[bcd][bcd]"可以写成"[bcd]{2}"。具体如表 5-8 所示。

表 5-8　修饰匹配次数的特殊符号

表达式	作用
{n}	表达式重复 n 次,比如:"/w{2}"相当于"/w/w";"a{5}"相当于"aaaaa"
{m,n}	表达式至少重复 m 次,最多重复 n 次,比如:"ba{1,3}"可以匹配"ba"或"baa"或"baaa"
{m,}	表达式至少重复 m 次,比如:"/w/d{2,}"可以匹配"a12" "_456","M12344"等
?	匹配表达式 0 次或者 1 次,相当于 {0,1},比如:"a[cd]?"可以匹配"a""ac""ad"
+	表达式至少出现 1 次,相当于 {1,},比如:"a+b"可以匹配"ab""aab""aaab"等
*	表达式不出现或出现任意次,相当于 {0,},比如:"/^*b"可以匹配"b""^^^b"等

例如:表达式"/d+/.? /d*"在匹配"It costs $12.5"时,匹配的结果是:成功;匹配到的内容是:"12.5";匹配到的位置是:开始于 10,结束于 14。

使用 * 表示出现 0 次或多次,如示例代码 5-44 所示。

示例代码 5-44

```
var reg=/\d*/;

reg.test("123");   //true
reg.test("234");   //true
reg.test("");    //true


var reg3=/1\d*/;
reg3.test("123");   //true
reg3.test("a123")  //true
reg3.test("a2b");   //false
```

6）抽象特殊字符

有一些符号在表达式中代表抽象的特殊意义，具体如表5-9所示。

表5-9　抽象特殊字符

表达式	作用
^	与字符串开始的地方匹配，不匹配任何字符
$	与字符串结束的地方匹配，不匹配任何字符
/b	匹配一个单词边界，也就是单词和空格之间的位置，不匹配任何字符

使用 ^ 和 $ 分别表示字符串开始的地方和结束的地方，如示例代码5-45所示。

示例代码5-45

```
var reg=/^abc/;   // 表示以 abc 开头
reg.test("123abc123"); // 并不是以 abc 开头，结果为 false
reg.test("abc123");   // 以 abc 开头，结果为 true

var reg=/abc$/;   // 表示以 abc 结尾
reg.test("123abc"); // 结果为 true
reg.test("abc123"); // 结果为 false

var reg=/^abc$/;   // 表示字符串 abc
reg.test("abc");   // 结果为 true
reg.test("123abc"); // 结果为 false
```

还有一些符号可以影响表达式内部的子表达式之间的关系，具体如表5-10所示。

表5-10　表达式

表达式	作用
|	左右两边表达式之间"或"关系，匹配左边或者右边

续表

表达式	作用
（　）	在被修饰匹配次数时,括号中的表达式可以作为整体被修饰 取匹配结果时,括号中的表达式匹配到的内容可以被单独得到

例如:

① 表达式"Tom|Jack"在匹配字符串"I'm Tom, he is Jack"时,匹配结果是:成功;匹配到的内容是:"Tom";匹配到的位置是:开始于 4,结束于 7。匹配下一个时,匹配结果是:成功;匹配到的内容是:"Jack";匹配到的位置时:开始于 15,结束于 19。

② 表达式"(go/s*)+"在匹配"Let's go go go!"时,匹配结果是:成功;匹配到内容是:"go go go";匹配到的位置是:开始于 6,结束于 14。

7)其他通用规则

在表达式中有特殊意义,需要添加"/"才能匹配该字符本身的字符汇总如表 5-11 所示。

表 5-11　通用规则

字符	说明
^	匹配输入字符串的开始位置。要匹配"^"字符本身,请使用"/^"
$	匹配输入字符串的结尾位置。要匹配"$"字符本身,请使用"/$"
（　）	标记一个子表达式的开始和结束位置。要匹配小括号,请使用"/("和"/)"
[　]	用来自定义能够匹配"多种字符"的表达式。要匹配中括号,请使用"/["和"/]"
{　}	修饰匹配次数的符号。要匹配大括号,请使用"/{"和"/}"
.	匹配除了换行符(/n)以外的任意一个字符。要匹配小数点本身,请使用"/."
?	修饰匹配次数为 0 次或 1 次。要匹配"?"字符本身,请使用"/?"
+	修饰匹配次数为至少 1 次。要匹配"+"字符本身,请使用"/+"
*	修饰匹配次数为 0 次或任意次。要匹配"*"字符本身,请使用"/*"
|	左右两边表达式之间"或"关系。匹配"|"本身,请使用"/|"

4. 正则表达式方法

在 JavaScript 中,正则表达式通常用于以下几个字符串方法。

1)search()方法

search()方法用于检索字符串中指定的子字符串,或检索与正则表达式相匹配的子字符串,并返回子串的起始位置。

用法:字符串 .search(正则)。

使用 search(),在字符串中找字母 b,且不区分大小写,如示例代码 5-46 所示。

示例代码 5-46
var str = 'abcdef'; var re = /B/i;

```
//var re = new RegExp（'B','i'）; 也可以这样写
alert（ str.search（re）); // 1
```

2）replace（）方法

replace（）方法用于在字符串中用一些字符替换另一些字符，或替换一个与正则表达式匹配的子串。它允许接收两个参数：replace（[RegExp|String] 和 [String|Function]），第一个参数可以是一个普通的字符串或是一个正则表达式。第二个参数可以是一个普通的字符串或是一个回调函数。如果第二个参数是回调函数，每匹配到一个结果就回调一次，每次回调都会传递以下参数。

①result：本次匹配到的结果。

②1,…, 9：正则表达式中有几个（），就会传递几个参数，1 至 9 分别代表本次匹配中每个（）提取的结果，最多 9 个。

③offset：记录本次匹配的开始位置。

④source：接收匹配的原始字符串。

使用 replace（），在字符串指定位置插入新字符串，如示例代码 5-47 所示。

示例代码 5-47

```
String.prototype.insetAt = function（str, offset）{
  // 使用 RegExp（）构造函数创建正则表达式
  var regx = new RegExp（"（.{"+offset+"}）"）;
  return this.replace（regx,"$1"+str）;
};
"abcd".insetAt（'xyz', 2）; // 在 b 和 c 之间插入 xyz
// 结果 "abxyzcd"
```

上述代码中，当 offset=2 时，正则表达式为：（^.{2}）。表示除 \n 之外的任意字符，后面加 {2} 就是匹配以数字或字母组成的前两个连续字符，加（）就会将匹配到的结果提取出来，然后通过 replace 将匹配到的结果替换为新的字符串，如"结果 = 结果 +str"。

3）test（）方法

test（）方法是一个正则表达式方法，用于检测一个字符串是否匹配某个模式，如果字符串中含有匹配的文本，则返回 true，否则返回 false。

用法：正则 .test（字符串）

使用 test（）方法，搜索字符串中的字符"e"，如示例代码 5-48 所示。

示例代码 5-48

```
<! DOCTYPE html>
<html>
<head>
<meta charset="utf-8">
<title> 搜索 "e"</title>
```

```
</head>
<body>
<script>
var patt1=new RegExp（"e"）;
document.write（patt1.test（"The best things in life are free"））;
</script>
</body>
</html>
```

返回结果为 true。

4）exec（）方法

exec（）方法用于检索字符串中的正则表达式的匹配。该函数返回一个数组,其中存放匹配的结果。如果未找到匹配,则返回值为 null。

使用 exec（）方法,搜索字符串中的字母"a",如示例代码 5-49 所示。

示例代码 5-49

```
<! DOCTYPE html>
<html>
<head>
<meta charset="utf-8">
<title> 搜索 "a"</title>
</head>
<body>
<script>
var patt1=new RegExp（"a"）;
document.write（patt1.exec（"The best things in life are free"））;
</script>
</body>
</html>
```

输出结果为 a。如果搜索的字母为"q",则输出的结果为 null。

在 Web 应用程序开发中,很多页面需要显示钟表或者日历,结合以上所学技能点,使用 setInterval 函数,设计简单的钟表,实现显示具体时间的功能。

第一步:定义钟表的 div,具体有原点、时针、分针、秒针、日期以及时间,如示例代码

5-50 所示。

```
示例代码 5=50

<! doctype html>
<html>
<head>
  <meta charset="UTF-8">
  <link rel='stylesheet' href='biao.css' />
  <title> 时钟 </title>
</head>
<body>
<div class="clock" id="clock">
  <! -- 原点 -->
  <div class="origin"></div>
  <! -- 时分秒针 -->
  <div class="clock-line hour-line" id="hour-line"></div>
  <div class="clock-line minute-line" id="minute-line"></div>
  <div class="clock-line second-line" id="second-line"></div>
  <! -- 日期 -->
  <div class="date-info" id="date-info"></div>
  <! -- 时间 -->
  <div class="time-info" >
    <div class="time" id="hour-time"></div>
    <div class="time" id="minute-time"></div>
    <div class="time" id="second-time"></div>
  </div>
</div>
<script type='text/javascript' src='biao.js'></script>
</body>
</html>
```

第二步：设置钟表的 CSS 样式，首先是全局样式，如示例代码 5-51 所示。

```
示例代码 5-51

/* 全局 */
*{
  margin：0；
  padding：0；
}
.clock{
```

```
    width: 400px;
    height: 400px;
    border: 10px solid #333;
    box-shadow: 0px 0px 20px 3px #444 inset;
    border-radius: 210px;
    position: relative;
    margin: 5px auto;
    z-index: 10;
    background-color: #f6f6f6;
}
```

上述 CSS 代码使用了 position 属性（定位）和 border-radius 属性（边框圆角）。

position 定位类型，有五个值：absolute、fixed、relative、static、inherit，默认值为 static，即没有定位。本例中设定最外层的 div clock 为 relative，所有下级元素均设定为 absolute 绝对定位，然后通过设置 left、top 等属性的值，确定其相对于 clock 的位置。

border-radius 属性向元素添加圆角边框，可以设置四个圆角的大小，本例中使用该属性将 clock 元素设置成一个圆。

第三步：设置时钟数字和指针以及原点样式，如示例代码 5-52 所示。

示例代码 5-52

```
/* 时钟数字 */
.clock-num{
    width: 40px;
    height: 40px;
    font-size: 22px;
    text-align: center;
    line-height: 40px;
    position: absolute;
    z-index: 8;
    color: #555;
    font-family: fantasy, 'Trebuchet MS';
}
.em_num{
    font-size: 28px;
}
/* 指针 */
.clock-line{
    position: absolute;
    z-index: 20;
```

```
        }
    .hour-line{width: 100px；
        height: 4px；
        top: 198px；
        left: 200px；
        background-color: #000；
        border-radius: 2px；
        transform-origin: 0 50%；
        box-shadow: 1px -3px 8px 3px #aaa；
    }
    .minute-line{
        width: 130px；
        height: 2px；
        top: 199px；
        left: 190px；
        background-color: #000；
        transform-origin: 7.692% 50%；
        box-shadow: 1px -3px 8px 1px #aaa；
    }
    .second-line{
        width: 170px；
        height: 1px；
        top: 199.5px；
        left: 180px；
        background-color: #f60；
        transform-origin: 11.765% 50%；
        box-shadow: 1px -3px 7px 1px #bbb；
    }
    /* 原点 */
    .origin{
        width: 20px；
        height: 20px；
        border-radius: 10px；
        background-color: #000；
        position: absolute；
```

```
    top: 190px;
    left: 190px;
    z-index: 14;
}
```

　　上述 CSS 代码使用了 transform 属性，transform 属性向元素应用 2D 或 3D 旋转，该属性允许我们对元素进行旋转、缩放、移动或倾斜。本例中时针、分针、秒针、刻度等均用 transform 属性设置旋转；另外，transform-origin 属性可以设置元素的基点位置。

　　第四步：设置日期和刻度的格式，如示例代码 5-53 所示。

示例代码 5-53

```
/* 日期 时间 */
.date-info{
    width: 160px;
    height: 28px;
    line-height: 28px;
    text-align: center;
    position: absolute;
    top: 230px;
    left: 120px;
    z-index: 11;
    color: #555;
    font-weight: bold;
    font-family: ' 微软雅黑 ';
}
.time-info{
    width: 92px;
    height: 30px;
    line-height: 30px;
    text-align: center;
    position: absolute;
    top: 270px;
    left: 154px;
    z-index: 11;
    background-color: #555;
    padding: 0;
    box-shadow: 0px 0px 9px 2px #222 inset;
}
.time{
```

```css
      width: 30px;
      height: 30px;
      text-align: center;
      float: left;
      color: #fff;
      font-weight: bold;
}
#minute-time{
      border-left: 1px solid #fff;
      border-right: 1px solid #fff;
}

/* 刻度 */
.clock-scale{
      width: 195px;
      height: 2px;
      transform-origin: 0% 50%;
      z-index: 7;
      position: absolute;
      top: 199px;
      left: 200px;
}
.scale-show{
      width: 12px;
      height: 2px;
      background-color: #555;
      float: left;
}
.scale-hidden{
      width: 183px;
      height: 2px;
      float: left;
}
```

以上即是钟表的所有样式代码,下面编写 JavaScript 部分。

第五步:编写 JavaScript 部分代码,钟表上的刻度、数字等元素均采用 JavaScript 生成,设置 setInterval 函数每隔一秒执行一次,修改指针的角度和显示的时间,如示例代码 5-54所示。

示例代码 5-54

```
（function（）{
// 生成钟表上的刻度数字等元素
window.onload=initNumXY（200，160，40，40）；
var hour_line = document.getElementById（"hour-line"）；
var minute_line = document.getElementById（"minute-line"）；
var second_line = document.getElementById（"second-line"）；
var date_info = document.getElementById（"date-info"）；
var week_day = [
'星期日','星期一','星期二','星期三','星期四','星期五','星期六'
];
var hour_time = document.getElementById（"hour-time"）；
var minute_time = document.getElementById（"minute-time"）；
var second_time = document.getElementById（"second-time"）；
function setTime（）{
var this_day = new Date（）；
var hour =（this_day.getHours（）>= 12）?
 （this_day.getHours（）- 12）: this_day.getHours（）；
var minute = this_day.getMinutes（）；
var second = this_day.getSeconds（）；
var hour_rotate =（hour*30-90）+（Math.floor（minute / 12）* 6）；
var year = this_day.getFullYear（）；
var month =（（this_day.getMonth（）+ 1）< 10）?
 "0"+（this_day.getMonth（）+ 1）:（this_day.getMonth（）+ 1）；
var date =（this_day.getDate（）< 10）?
 "0"+this_day.getDate（）: this_day.getDate（）；
var day = this_day.getDay（）；
hour_line.style.transform = 'rotate（' + hour_rotate + 'deg）'；
minute_line.style.transform = 'rotate（' +（minute*6 - 90）+ 'deg）'；
second_line.style.transform = 'rotate（' +（second*6 - 90）+'deg）'；
date_info.innerHTML =
 year + "-" + month + "-" + date +"" + week_day[day]；
hour_time.innerHTML =（this_day.getHours（）< 10）?
 "0" + this_day.getHours（）: this_day.getHours（）；
minute_time.innerHTML =（this_day.getMinutes（）< 10）?
 "0" + this_day.getMinutes（）: this_day.getMinutes（）；
```

```
  second_time.innerHTML =（this_day.getSeconds（）< 10）?
    "0" + this_day.getSeconds（）: this_day.getSeconds（）;
  }
//setInterval 函数每隔一秒执行一次
  setInterval（setTime，1000）;

  function initNumXY（R，r，w，h）{
  var numXY = [
    {
    "left" : R + 0.5 * r - 0.5 * w,
    "top" : R - 0.5 * r * 1.73205 - 0.5 * h
    },
    {
    "left" : R + 0.5 * r * 1.73205 - 0.5 * w,
    "top" : R - 0.5 * r - 0.5 * h
    },
    {
    "left" : R + r - 0.5 * w,
    "top" : R - 0.5 * h
    },
    {
    "left" : R + 0.5 * r * 1.73205 - 0.5 * w,
    "top" : R + 0.5 * r - 0.5 * h
    },
    {
    "left" : R + 0.5 * r - 0.5 * w,
    "top" : R + 0.5 * r * 1.732 - 0.5 * h
    },
    {
    "left" : R - 0.5 * w,
    "top" : R + r - 0.5 * h
    },
    {
    "left" : R - 0.5 * r - 0.5 * w,
```

```
    "top" : R + 0.5 * r * 1.732 - 0.5 * h
  },
  {
    "left" : R - 0.5 * r * 1.73205 - 0.5 * w,
    "top" : R + 0.5 * r - 0.5 * h
  },
  {
    "left" : R - r - 0.5 * w,
    "top" : R - 0.5 * h
  },
  {
    "left" : R - 0.5 * r * 1.73205 - 0.5 * w,
    "top" : R - 0.5 * r - 0.5 * h
  },
  {
    "left" : R - 0.5 * r - 0.5 * w,
    "top": R - 0.5 * r * 1.73205 - 0.5 * h
  },
  {
    "left" : R - 0.5 * w,
    "top" : R - r - 0.5 * h
  }
];
var clock = document.getElementById("clock");
for(var i = 1; i <= 12; i++){
  if(i%3 == 0){
    clock.innerHTML += "<div class='clock-num em_num'>"+i+"</div>";
  } else {
    clock.innerHTML += "<div class='clock-num'>" + i + "</div>";
  }
}
var clock_num = document.getElementsByClassName("clock-num");
for(var i = 0; i < clock_num.length; i++){
  clock_num[i].style.left = numXY[i].left + 'px';
  clock_num[i].style.top = numXY[i].top + 'px';
```

```
    }
    for(var i = 0; i < 60; i++) {
     clock.innerHTML += "<div class='clock-scale'> " +
        "<div class='scale-hidden'></div>" +
        "<div class='scale-show'></div>" +
        "</div>";
    }
    var scale = document.getElementsByClassName("clock-scale");
    for(var i = 0; i < scale.length; i++) {
     scale[i].style.transform="rotate(" + (i * 6 - 90) + "deg)";
    }
   }
})();
```

第六步:保存代码,运行程序,效果如图 5-5 所示。

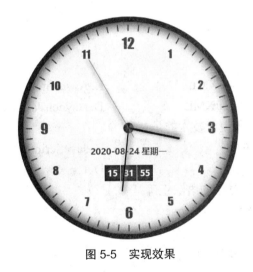

图 5-5　实现效果

本任务实现了钟表的设计与功能设置,对 AJAX 的原理及使用进行了介绍,并了解了异步与同步的实现机制,掌握了正则表达式的概念和使用方式。

margin	页边	async	异步
Component	组成部分	Request	请求
document	文件	flags	标识
Interval	间隔	task queue	任务队列
method	方法	Browser	浏览器

一、选择题

1. AJAX 的全称是（   ）。

A. Asynchronous Java And XML   B. Asynchronous Javascript And XML

C. Asynchronous Javascript XML   D. Asynch Javascript And XML

2. 下列不属于 AJAX 所使用技术的是（   ）。

A. XMLHttpRequest 对象   B. JavaScript/DOM

C. CSS   D. C#

3. 下列创建 XMLHttp 对象的语法正确是（   ）。

A. var xmlHttp=new XMLHttpRequest

B. var xmlHttp=new XML（）

C. var xmlHttp=new XMLHttpRequest（）

D. var xmlHttp= XMLHttpRequest（）

4. 以下描述正确的选项是（   ）。

A. 因为 JavaScript 的单线程,因此在同一时间可以处理多个任务

B. 同步任务是指在主线程上同时执行的多个任务

C. 所谓单线程,是指在 JS 引擎中负责解释和执行 JavaScript 代码的线程只有一个,也可以叫它主线程

D. 异步任务是指进入主线程,而不进入任务队列的任务

5. 下列不属于正则表达式的选项是（   ）。

A. s   B. i   C. m   D. g

二、填空题

1. 可以通过 _____ 属性来取回由服务器返回的数据。

2. AJAX 的原理是通过 _____ 对象来向服务器发异步请求,从服务器获得数据,然后用 JavaScript 来操作 _____ 而更新页面。

3. JSON 是一种轻量级的数据交换格式,它是基于 _____ 的一个子集,结合 _____ 使用。

4. 同步任务是指在 _____ 上排队执行的任务,只有前一个任务执行完毕,才能继续执行下一个任务。

5. 正则表达式是由一个 _____ 形成的搜索模式。

项目六 jQuery

本项目通过对"留言板"案例的实现,了解 jQuery 的基础用法,熟悉 jQuery 的链式编程,掌握 jQuery 添加、删除和切换 CSS 类的使用,培养使用 jQuery 完成数据传送的能力。在任务实现过程中:

● 了解 jQuery 的基础语法;
● 熟悉 jQuery 的 DOM 操作;
● 掌握 jQuery 的遍历;
● 培养使用 jQuery 插件实现界面效果的能力。

课程思政

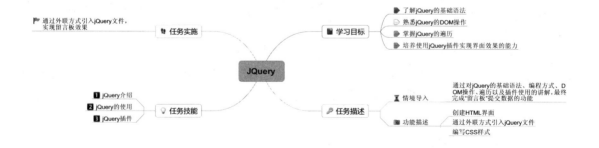

【情境导入】

　　jQuery 的本质是以最少的代码,实现更多的效果。本项目通过对 jQuery 的基础语法、编程方式、DOM 操作、遍历以及插件使用的讲解,最终完成"留言板"提交数据的功能。

【功能描述】

● 创建 HTML 界面。
● 通过外联方式引入 jQuery 文件。
● 编写 CSS 样式。

技能点一　　jQuery 介绍

　　在 JavaScript 的快速发展中,很多 JavaScript 库相继出现,jQuery 就是其中的佼佼者。它凭借着独特的链式编程、多功能接口、高效灵活的选择器和功能丰富的插件社区,热度居高不下。其与原生 JavaScript 的不同如示例代码 6-1 所示。

```
示例代码 6-1

// jQuery
$('.el').on('event', function ( ) {
    ….
});

// 原生方法
[].forEach.call(document.querySelectorAll('.el'), function (el) {
```

```
el.addEventListener('event', function（）{
  ….
}, false）；
}）；
```

可以看出使用 jQuery 书写的代码从元素的获取到事件的绑定,只需要一行简洁的代码,而原生 JavaScript 的代码则看起来比较烦琐厚重。

技能点二   jQuery 的使用

1. jQuery 的安装

jQuery 是一个 JavaScript 库,需要在使用之前安装并引入页面。
（1）通过下载源 JS 文件安装
通过访问 jQuery.con 选择下载最新版的 jQuery 源文件,如图 6-1 所示。

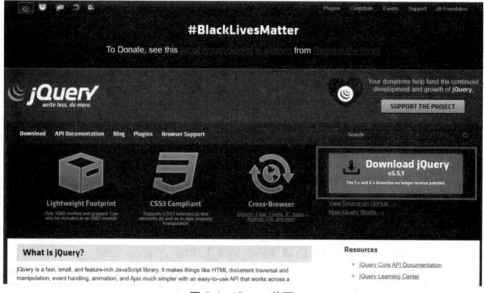

图 6-1   jQuery 首页

进入 jQuery 官网首页,点击"Download jQuery",跳转到下载 jQuery 页面,如图 6-2 所示。

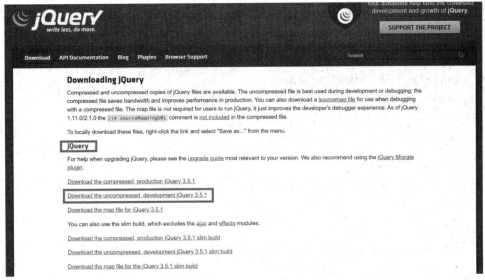

图 6-2   jQuery 下载页

点击 jQuery 目录下的"Download the uncompressed，development jQuery 3.5.1"下载未压缩的源文件，这样便于学习。（Download the compressed，production jQuery 3.5.1 是压缩过的版本，常用于完整的网站中）

下载完成后，将 jQuery 源文件放在与页面同一级目录下，以便在页面中直接引用它，如图 6-3 所示。

图 6-3   jquery.js 与主页所在目录

在页面的头部标签中使用 <script src="jquery.min.js"></script> 将它引入到页面。到这里，这个页面即可书写 jQuery 相关的代码了。

2. 用 jQuery 在页面中写入 hello world

页面中已经引入了 jQuery，现在使用 jQuery 在页面元素中写入一个 hello world 文本，如示例代码 6-2 所示。

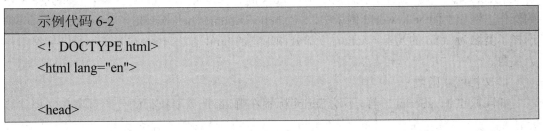

```
示例代码 6-2
<！DOCTYPE html>
<html lang="en">


<head>
```

```
<meta charset="UTF-8">
<meta name="viewport" content="width=device-width，initial-scale=1.0">
<title>Document</title>
<script src="jquery.min.js"></script>
</head>

<body>
<div class="hello">
 <! -- 这里会用 jQuery 写入 hello world！ -->
</div>
<script>
 $(function(){ // 当 DOM 元素加载完毕后开始执行下面的代码
  $(".hello").html("hello world！")
  // 通过 css 选择器获取到类名为 hello 的元素
  // 使用 html 方法写入 hello world！
}
 )
 </script>
</body>

</html>
```

在浏览器中输出的结果如图 6-4 所示。

图 6-4　用 jQuery 在页面中书写 hello world

3. jQuery 的基础语法

jQuery 的基础语法——$（selector）.action（），它的语法非常简洁，通过美元符号（$）来定义 jQuery 对象，（selector）中的 selector 与 css 的选择器类似，.action（）表示要对元素进行的操作。例如上面 hello world 例子中，$（".hello"）.html（"hello world！"），（selector）部分中选择了类名为 hello 的元素，.action（）部分调用它的 html 方法，传给它 hello world 字符串作为参数。

1）文档就绪函数

如同原生 JavaScript 一样，不论 Script 标签在哪，都把需要执行的代码包裹在文档就绪函数中，jQuery 的文档就绪函数的语法是 $(document).ready(function(){}), 如示例代码
6-3 所示。

```
示例代码 6-3
<! DOCTYPE html>
<html lang="en">
<head>
  <meta charset="UTF-8">
  <meta name="viewport" content="width=device-width, initial-scale=1.0">
  <title>Document</title>
  <script src="jquery.min.js"></script>
</head>
<body>
  <script>
   $(document).ready(function(){
     alert(' 文档加载完成了！')
   })
  </script>
</body>
</html>
```

如示例代码 6-3 所示，alert()语句在整个 DOM 加载完毕之后才会执行。另外 jQuery
还提供了一种简写方式——$(function(){DOM 加载完毕后执行的代码})。

2)(selector)选择器

jQuery 提供了一系列方便简洁且灵活的选择器类型供程序员们使用，具体如表 6-1
所示。

表 6-1　jQuery 选择器

语法	描述
$(this)	当前 HTML 元素
$("p")	所有 <p> 元素
$("p.intro")	所有 class="intro" 的 <p> 元素
$(".intro")	所有 class="intro" 的元素
$("#intro")	id="intro" 的元素
$("ul li: first")	每个 <ul> 的第一个 <li> 元素
$("[href$='.jpg']")	所有以 ".jpg" 结尾的属性值的 href 属性
$("div#intro .head")	id="intro" 的 <div> 元素中的所有 class="head" 的元素

3）jQuery 事件

jQuery 中的事件名称和原生 JavaScript 近乎是相同的，常用的事件如表 6-2 所示。

表 6-2　jQuery 事件

Event 函数	描述
$（selector）.click（function）	当被选元素被点击时触发
$（selector）.dblclick（function）	当被选元素被双击被双击时触发
$（selector）.focus（function）	当被选元素获得焦点的时候触发
$（selector）.mouseover（function）	当被选元素被鼠标悬停的时候触发

4. jQuery 效果

jQuery 为程序员封装好了诸如元素的显示与隐藏、淡入淡出效果、自定义动画等常用的函数，在使用中只需要通过调用元素的方法来调用即可。

1）元素的显示与隐藏

通过使用 jQuery 的内置方法 hide（）和 show（）来控制元素的显示与隐藏，通过元素 .hide（）或 .show（）的方式来使用，如示例代码 6-4 所示。

示例代码 6-4

```
<! DOCTYPE html>
<html lang="en">

<head>
 <meta charset="UTF-8">
 <meta name="viewport" content="width=device-width, initial-scale=1.0">
 <title>Document</title>
 <script src="jquery.min.js"></script>
</head>

<body>
 <p> 点击按钮切换显示与隐藏 </p>
 <button id="hide"> 隐藏 </button>
 <button id="show"> 显示 </button>
 <script>
  $（function（）{
  $（"#hide"）.click（function（）{
   $（"p"）.hide（）;
  }）;
```

```
    $("#show").click(function() {
     $("p").show();
    })
   }
   )
  </script>
 </body>

</html>
```

在浏览器中输出的结果如图 6-5 所示。

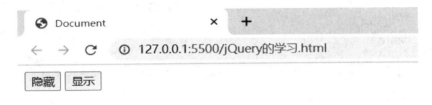

图 6-5 显示与隐藏元素

在 chrome 的开发者工具中可以看到在点击了隐藏按钮之后，p 标签添加了一个 display：none 属性，在点击"显示"按钮之后这个属性则会被消除。

toggle()方法可以直接实现显示和隐藏效果的切换，如示例代码 6-5 所示。

示例代码 6-5

```
<! DOCTYPE html>
<html lang="en">
```

```
<head>
 <meta charset="UTF-8">
 <meta name="viewport" content="width=device-width，initial-scale=1.0">
 <title>Document</title>
 <script src="jquery.min.js"></script>
</head>

<body>
 <button> 切换显示隐藏 </button>
 <p> 点击按钮切换显示与隐藏 </p>
 <script>
  $（function（）{
   $（"button"）.click（function（）{
    $（"p"）.toggle（）;
   }）;
  }
  ）
 </script>
</body>

</html>
```

2）jQuery 动画

元素的 animate（）方法可以创建一个由程序员自己定义的动画效果,具体语法如下。

$（selector）.animate（{params}, speed, callback）

其中，{params} 的内容是需要操作的 CSS 属性，speed 是动画执行的时间（单位是毫秒），callback 是在动画完成后需要执行的函数。在动画完成后输出调用回调函数,在浏览器中输出提示,如示例代码 6-6 所示。

示例代码 6-6

```
<! DOCTYPE html>
<html lang="en">

<head>
 <meta charset="UTF-8">
 <meta name="viewport" content="width=device-width，initial-scale=1.0">
 <title>Document</title>
 <script src="jquery.min.js"></script>
```

```
</head>

<body>
 <button> 开始动画 </button>
 <div style="background：#ccc；height：100px；width：100px；position：absolute；">
 </div>
 <script>
  $（function（）{
   $（"button"）.click（function（）{
    $（"div"）.animate（{
     left: '250px',
     opacity：'0.5',
     height: '150px',
     width: '150px'
    }，5000，function（）{
     $（"div"）.html（" 我完成了动画！ "）
    }）；
   }
   ）；
  }
  ）
 </script>
</body>

</html>
```

示例代码 6-6 中首先通过给 {params} 传递新 CSS 属性来规定最后要完成的效果；其次给第二个参数赋值 5000，让这个动画在 5 秒完成；最后在 callback 中添加函数，让动画完成后在元素内部写入"我完成了动画！"文本。

需要注意的是，如果动画涉及移动元素，需要给元素设置 position 定位属性为 relative、fixed 或 absolute。

3）stop（）停止动画方法

通过元素 .stop（）的方式停止当前正在进行的动画，如示例代码 6-7 所示。

示例代码 6-7

```
<! DOCTYPE html>
<html lang="en">

<head>
```

```html
    <meta charset="UTF-8">
    <meta name="viewport" content="width=device-width，initial-scale=1.0">
    <title>Document</title>
    <script src="jquery.min.js"></script>
  </head>

  <body>
  <button class="start"> 开始动画 </button>
  <button class="stop"> 停止动画 </button>
  <div style="background：#ccc；height：100px；width：100px；position：absolute；">
  </div>
  <script>
    $（function（）{
      $（".start"）.click（function（）{
        $（"div"）.animate（{
          left：'250px',
          opacity：'0.5',
          height：'150px',
          width：'150px'
        }，5000，function（）{
          $（"div"）.html（" 我完成了动画！"）
        }）；
      }
      ）；
      $（".stop"）.click（function（）{
        $（"div"）.stop（）；
      }）；
    }
    )
  </script>
  </body>

</html>
```

5. jQuery 的链式编程

当对一个元素进行多个操作时，每次都需先获取这个元素再绑定操作。jQuery 提供的链式编程有效地优化了绑定事件的步骤，只需要在获取元素后绑定操作时追加多个语句，就可以让这个元素依次执行多个操作。通过一句代码给元素绑定多个操作，如示例代码 6-8 所示。

示例代码 6-8

```
<! DOCTYPE html>
<html lang="en">

<head>
  <meta charset="UTF-8">
  <meta name="viewport" content="width=device-width，initial-scale=1.0">
  <title>Document</title>
  <script src="jquery.min.js"></script>
</head>

<body>
  <p id="p1">jQuery！</p>
  <button> 点我 </button>
  <script>
    $（function（）{
      $（"button"）.click（function（）{
        $（"#p1"）.css（"color"，"red"）.slideUp（2000）.slideDown（2000）;
      }）;
    }
    ）
  </script>
</body>

</html>
```

　　在示例代码 6-8 中,选中 id 为 p1 的元素之后,把其修改颜色为红色并让它 2 秒内向上滑动,向上滑动完成后再在 2 秒内向下滑动。链式编程十分节省代码量,如果需要链许多操作,可以在每一个操作之前添加换行符让代码更好维护。

6. jQuery 的 DOM 操作

　　原生 JavaScript 对于 DOM 的操作非常复杂,而且各大浏览器对于 DOM 的实现标准也不一样,造成原生 JavaScript 并不适合 DOM 操作,不过 jQuery 提供了大量简洁的 DOM 操作方法。

　　1）获取和设置 HTML 内容

　　jQuery 中有三个方法可以获取 HTML 的内容——text（）获取或设置文本内容、html（）获取或设置元素内容（包括 HTML 标记）、val（）获取或设置表单的值。通过 jQuery 的 html（）方法获取 HTML 内容,如示例代码 6-9 所示。

示例代码 6-9

```html
<! DOCTYPE html>
<html lang="en">

<head>
 <meta charset="UTF-8">
 <meta name="viewport" content="width=device-width，initial-scale=1.0">
 <title>Document</title>
 <script src="jquery.min.js"></script>
</head>

<body>
 <button class="text">text</button>
 <button class="html">html</button>
 <button class="val">value</button>
 <p id="p1"> 被获取！<b> 粗体 </b></p>
 <input class="input1" type="text" value="value！">
 <script>
  $（function（）{
   $（".text"）.click（function（）{
    alert（" 我获取到的是 p1 的 text 内容 ---------" + $（"#p1"）.text（））;
   }）
   $（".html"）.click（function（）{
    alert（" 我获取到的是 p1 的 html 内容 ---------" + $（"#p1"）.html（））;
   }）
   $（".val"）.click（function（）{
    alert（" 我获取到的是 input1 的 value 值 ---------" + $（".input1"）.val（））;
   }）;
  }
  )
 </script>
</body>
</html>
```

在示例代码 6-9 中，三个按钮分别被绑定了点击之后弹出相应的 DOM 内容，如果想要将内容改变后输出，只需要在方法中传入想要改成的内容即可。其中 text（）和 html（）的区别较大，html（）方法会把元素中包含的 HTML 标记显示出来，如图 6-6 所示。

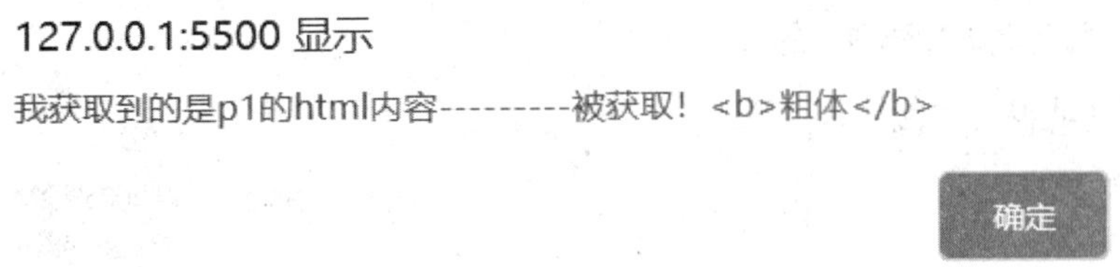

127.0.0.1:5500 显示

我获取到的是p1的html内容---------被获取！粗体

确定

图 6-6　通过 html( )方法获取 HTML 内容

2）获取元素的属性值

使用 attr( )方法来获取标签内的对应属性的值,如示例代码 6-10 所示。

代码示例 6-10

```
<! DOCTYPE html>
<html lang="en">

<head>
 <meta charset="UTF-8">
 <meta name="viewport" content="width=device-width, initial-scale=1.0">
 <title>Document</title>
 <script src="jquery.min.js"></script>
</head>

<body>
 <p><a href="baidu.com" id="baidu"> 百度一下你就知道 </a></p>
 <button> 显示 href 属性的值 </button>
 <script>
  $(function( ) {
   $("button").click(function( ) {
    alert($("#baidu").attr("href"));
   });
  }
  )
 </script>
</body>

</html>
```

在点击按钮后弹出 a 标签的 href 值,效果如图 6-7 所示。

127.0.0.1:5500 显示

baidu.com

确定

图 6-7　通过 attr( )方法来获取元素的属性值

7. jQuery 添加、删除和切换 CSS 类

在给页面添加动态效果时通常需要在鼠标经过时修改这个元素的样式,但是通过修改元素的 CSS 属性一个一个的更新样式十分复杂,所以需要新建一个 CSS 类,将需要变换的样式保存在这个类中,在需要的时候给元素添加或者删除类即可完成样式的修改。

1)添加 CSS 类

使用 addClass()方法来给被选择的元素添加一个准备好的类,传入的参数为类名,如示例代码 6-11 所示。

```
示例代码 6-11
<! DOCTYPE html>
<html lang="en">

<head>
  <meta charset="UTF-8">
  <meta name="viewport" content="width=device-width，initial-scale=1.0">
  <title>Document</title>
  <script src="jquery.min.js"></script>
  <style>
    .red {
      color: red;
    }
  </style>
</head>

<body>
  <p> 我会变红 </p>
  <button> 把上面的文字变为红色 </button>
  <script>
    $(function () {
      $("button").click(function () {
        $("p").addClass("red");
      });
```

```
    }
    )
  </script>
</body>

</html>
```

上面的代码中，点击按钮之后会给 p 标签添加 red 类，将文字颜色修改为红色。

2）删除 CSS 类

如果需要删除某一个类，只需要调用 removeClass（）方法即可，传入参数为类名，如示例代码 6-12 所示。

示例代码 6-12

```
<! DOCTYPE html>
<html lang="en">

<head>
  <meta charset="UTF-8">
  <meta name="viewport" content="width=device-width，initial-scale=1.0">
  <title>Document</title>
  <script src="jquery.min.js"></script>
  <style>
    .red {
      color：red；
    }
  </style>
</head>

<body>
  <p> 我会变红 </p>
  <button class="add"> 把上面的文字变为红色 </button>
  <button class="remove"> 取消文字变红 </button>
  <script>
    $（function（）{
      $（".add"）.click（function（）{
        $（"p"）.addClass（"red"）；
      }）；
      $（".remove"）.click（function（）{
        $（"p"）.removeClass（"red"）；
```

```
        });
      }
      )
    </script>
  </body>

  </html>
```

3）切换 CSS 类

和切换元素的显示与隐藏一样，添加删除类也有单独的一个切换添加删除类的方法，如示例代码 6-13 所示。

示例代码 6-13

```
<! DOCTYPE html>
<html lang="en">

<head>
  <meta charset="UTF-8">
  <meta name="viewport" content="width=device-width，initial-scale=1.0">
  <title>Document</title>
  <script src="jquery.min.js"></script>
  <style>
    .red {
      color：red；
    }
  </style>
</head>

<body>
  <p> 我会变红 </p>
  <button class="toggle"> 切换颜色 </button>
  <script>
    $（function（）{
      $（".toggle"）.click（function（）{
        $（"p"）.toggleClass（"red"）；
      }）；
    }
    )
  </script>
```

```
    </body>

    </html>
```

8. jQuery 遍历

jQuery 遍历意为"移动",用于根据其相对于其他元素的关系来"查找"(或选取)HTML 元素。以某项选择开始,并沿着这个选择移动,直到抵达期望的元素为止。

1)选择父级元素

元素 .parent()方法可以获得被选择元素的直接父级元素,如示例代码 6-14 所示。

示例代码 6-14

```
<! DOCTYPE html>
<html lang="en">

<head>
  <meta charset="UTF-8">
  <meta name="viewport" content="width=device-width, initial-scale=1.0">
  <title>Document</title>
  <script src="jquery.min.js"></script>
  <style>
    .grandpa {
      width: 300px;
      height: 300px;
      background-color: blue;
    }

    .father {
      width: 200px;
      height: 200px;
    }

    .son {
      width: 100px;
      height: 100px;
      background-color: #ccc;
    }
  </style>
</head>
```

```
<body>
  <div class="grandpa">
   我是 son 的父级元素
   <div class="father">
     我是 son 的直接父级元素
     <div class="son">
       son
     </div>
   </div>
  </div>
  <script>
   $(function(){
    $(".son").parent().css("background-color","red");
   }
   )
  </script>
</body>

</html>
```

在示例代码 6-14 中通过 $("".son"").parent()选择了 son 的直接父级元素 father，通过 css 方法修改它的背景颜色为红色，因为选择的是直接父级元素，grandpa 元素虽然也是 son 的父级元素但它不是直接父级元素所以不受影响。在浏览器中输出的结果如图 6-8 所示。

图 6-8　选择被选择元素的父级元素

如果需要选择全部父级元素,则需要使用 parents()方法,这个方法可以返回元素的所有父级元素,不论是不是直接父级元素。

2)选择子代元素

children()方法可以返回这个元素的直接子元素,同样它也只能找到直接子元素。如果需要选择出全部的子元素则需要使用 find()方法,需要给 find 传递一个参数,参数是类名,如果需要选择全部的子代元素则传递"*",如示例代码 6-15 所示。

```
示例代码 6-15
<! DOCTYPE html>
<html lang="en">

<head>
 <meta charset="UTF-8">
 <meta name="viewport" content="width=device-width, initial-scale=1.0">
 <title>Document</title>
 <script src="jquery.min.js"></script>
 <style>
  .grandpa1,
  .grandpa2 {
   width: 300px;
   height: 300px;
   background-color: blue;
   display: inline-block;
  }

  .father1,
  .father2 {
   width: 200px;
   height: 200px;
   background-color: yellow;
   margin: 32px 45px 45px 45px;
   border: 1px solid #ffffff;
  }

  .son1,
  .son2 {
   width: 100px;
   height: 100px;
```

```
      background-color: #ccc；
      margin: 32px 45px 45px 45px；
      border: 1px solid #ffffff；
    }
  </style>
</head>

<body>
  <div class="grandpa1">
    我是 son1 的父级元素
    <div class="father1">
      我是 son1 的直接父级元素
      <div class="son1">
        son1
      </div>
    </div>
  </div>
  <div class="grandpa2">
    我是 son2 的父级元素
    <div class="father2">
      我是 son2 的直接父级元素
      <div class="son2">
        son2
      </div>
    </div>
  </div>
  <script>
  $（function（）{
  $（".grandpa1"）.children（）.css（"background-color", "red"）；
  $（".grandpa2"）.find（"*"）.css（"background-color", "green"）；
  }
  ）
  </script>
</body>
</html>
```

在浏览器中输出的结果如图 6-9 所示。

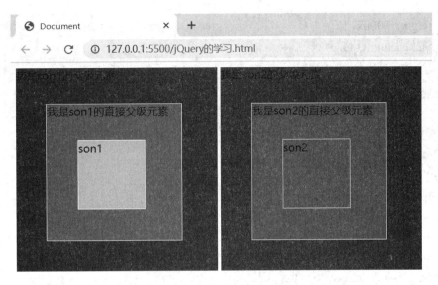

图 6-9　选择元素的子元素

可以看到使用了 childen 方法的语句只影响它的直接子元素 father，而后面的语句使用了 find（"*"）方法则同时影响了 father 和 son 元素。

3）选择同级元素

通过使用 siblings（）方法来选择出一个元素的所有同级元素，如示例代码 6-16 所示。

示例代码 6-16

```
<! DOCTYPE html>
<html lang="en">
<head>
  <meta charset="UTF-8">
  <meta name="viewport" content="width=device-width，initial-scale=1.0">
  <title>Document</title>
  <script src="jquery.min.js"></script>
  <style>
   .father {
    width: 300px;
    height: 300px；
    background-color: yellow；
    border: 1px solid #ffffff；
    display: inline-block；
   }

   .son {
    width: 100px；
```

```
        height：100px；
        background-color：#ccc；
        border：1px solid #ffffff；
    }
    </style>
</head>
<body>
<div class="father1 father">
    father1
    <div class="son1 son">
        son1
    </div>
    <div class="son2 son">
        son2
    </div>
</div>
<script>
    $（function（）{
        $（".son1"）.css（"background-color"，"blue"）.siblings（）.css（"background-color"，
"red"）；
    }
    ）
</script>
</body>

</html>
```

在示例代码 6-16 中先选择 son1 元素，将它的背景颜色修改为蓝色，之后通过 siblings
（）方法选择它的同级元素 son2，将它的背景颜色修改为红色。在浏览器中实现的效果如图
6-10 所示。

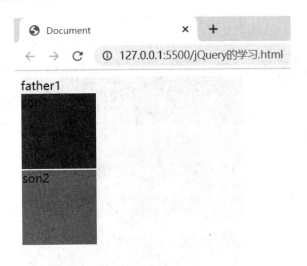

Document

图 6-10　选择被选择元素的同级元素

还可以使用 next( )方法和 nextAll( )方法来获取元素的下一个同级元素和全部的同级元素,如示例代码 6-17 所示。

示例代码 6-17

```
<! DOCTYPE html>
<html lang="en">

<head>
  <meta charset="UTF-8">
  <meta name="viewport" content="width=device-width，initial-scale=1.0">
  <title>Document</title>
  <script src="jquery.min.js"></script>
  <style>
    .father {
      width：300px；
      height: 350px；
      background-color: yellow；
      border: 1px solid #ffffff；
      display: inline-block；
    }

    .son {
      width: 100px；
```

```
        height: 100px;
        background-color: #ccc;
        border: 1px solid #ffffff;
      }
    </style>
</head>

<body>
  <div class="father1 father">
    father1
    <div class="son1 son">
      son1
    </div>
    <div class="son2 son">
      son2
    </div>
    <div class="son3 son">
      son3
    </div>
  </div>
  <div class="father2 father">
    father2
    <div class="son11 son">
      son11
    </div>
    <div class="son22 son">
      son22
    </div>
    <div class="son33 son">
      son33
    </div>
  </div>
  <script>
    $(function () {
```

```
        $(".son2").css("background-color", "blue").next().css("background-color",
"red");
        $(".son11").css("background-color", "blue").nextAll().css("background-color",
"red");
    }
    )
    </script>
</body>

</html>
```

上面的代码中,第一句 jQuery 代码选择到了 son2 元素,之后使用 next()方法选择它的下一个同级元素,所以 son1 不会被修改背景颜色。第二句代码使用了 nextAll()方法选择了所有同级元素并修改背景颜色,在浏览器中实现的效果如图 6-11 所示。

图 6-11　nextAll( )方法选择同级元素

4)筛选元素

在使用上面三种选择方式的过程中,如果被选择的元素在很多元素中时很难直接筛选到想要的那个元素,这时就需要用到筛选元素的方法来对选择出来的元素进行筛选,常用的0 筛选元素的方法有 first()、last()、eq()、filter()、not()五种方法,下面通过案例详细介绍。

(1)first()和 last()方法。

first()和 last()方法分别返回被选元素的首个元素和末个元素,如示例代码 6-18 所示。

示例代码 6-18

```html
<! DOCTYPE html>
<html lang="en">

<head>
  <meta charset="UTF-8">
  <meta name="viewport" content="width=device-width，initial-scale=1.0">
  <title>Document</title>
  <script src="jquery.min.js"></script>
  <style>
    .father {
      width: 300px；
      height: 350px；
      background-color: yellow；
      border: 1px solid #ffffff；
      display: inline-block；
    }

    .son {
      width: 100px；
      height: 100px；
      background-color: #ccc；
      border: 1px solid #ffffff；
    }
  </style>
</head>

<body>
  <div class="father1 father">
    father1
    <div class="son1 son">
      son1
    </div>
    <div class="son2 son">
      son2
    </div>
```

```
      <div class="son3 son">
        son3
      </div>
    </div>
    <div class="father2 father">
      father2
      <div class="son11 son">
        son11
      </div>
      <div class="son22 son">
        son22
      </div>
      <div class="son33 son">
        son33
      </div>
    </div>
    <script>
      $ (function () {
        $ (".father1") .children () .first () .css ("background-color", "red") ;
        $ (".father2") .children () .last () .css ("background-color", "blue") ;
      }
      )
    </script>
  </body>

</html>
```

　　在示例代码 6-18 中，先使用 children（）子代选择方法将 father1 和 father2 的所有直接子元素选择出来，然后使用 first（）和 last（）方法选择这些元素中的第一个和最后一个并分别设置为红色和蓝色，在浏览器中的效果如图 6-12 所示。

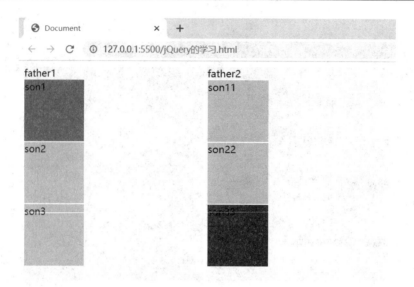

图 6-12　children( )子代选择

（2）eq( )方法。

eq( )方法可以给每个被选择的元素一个从 0 开始的索引，当需要选择这些元素具体为第几个时使用这个方法比较适合，通过元素 .eq（索引号）的方式来使用，如示例代码 6-19 所示。

```
示例代码 6-19
<! DOCTYPE html>
<html lang="en">

<head>
 <meta charset="UTF-8">
 <meta name="viewport" content="width=device-width，initial-scale=1.0">
 <title>Document</title>
 <script src="jquery.min.js"></script>
 <style>
  .father {
   width: 300px；
   height: 350px；
   background-color: yellow；
   border: 1px solid #ffffff；
   display: inline-block；
  }
```

```
    .son {
      width: 100px;
      height: 100px;
      background-color: #ccc;
      border: 1px solid #ffffff;
    }
  </style>
</head>

<body>
  <div class="father1 father">
    father1
    <div class="son1 son">
      son1
    </div>
    <div class="son2 son">
      son2
    </div>
    <div class="son3 son">
      son3
    </div>
  </div>
  <script>
    $(function(){
      $(".father1").children().eq(1).css("background-color", "red");
    }
    )
  </script>
</body>

</html>
```

　　在示例代码 6-19 中，先选择 father1 后使用子代选择方法选择出它所有的直接子代元素，然后调用 eq()方法。由于 eq()方法的索引号是从 0 开始的，所以如果要选择 son2，需要给 eq 传递参数 1，这样就选择到了 son2 并把它的颜色设置为 red。在浏览器中输出的效果如图 6-13 所示。

图 6-13   eq( )通过索引筛选元素

（3）filter（ ）和 not（ ）方法。

filter（ ）和 not（ ）方法用来给被选择出来的元素添加一个筛选规则，将符合或不符合规则的元素筛选出来，需要传递的参数是 CSS 选择器，如示例代码 6-20 所示。

示例代码 6-20

```
<! DOCTYPE html>
<html lang="en">

<head>
  <meta charset="UTF-8">
  <meta name="viewport" content="width=device-width，initial-scale=1.0">
  <title>Document</title>
  <script src="jquery.min.js"></script>
  <style>
   .father {
    width: 300px;
    height: 450px;
    background-color: yellow;
    border: 1px solid #ffffff;
    display: inline-block;
```

```
        }

    .son，
    .daughter {
        width：100px；
        height：100px；
        background-color：#ccc；
        border：1px solid #ffffff；
    }
  </style>
</head>

<body>
  <div class="father1 father">
    father1
    <div class="son1 son">
        son1
    </div>
    <div class="son2 son">
        son2
    </div>
    <div class="daughter1 daughter">
        daughter1
    </div>
    <div class="daughter2 daughter">
        daughter2
    </div>
  </div>
  <script>
    $（function（）{
        $（".father1"）.children（）.filter（".son"）.css（"background-color"，"blue"）；
        $（".father1"）.children（）.not（".son"）.css（"background-color"，"pink"）；
    }
    )
  </script>
```

```
      </body>


      </html>
```

在示例代码 6-20 中，选择 father1 的所有直接子代元素后，分别通过 .filter(".son") 和 not(".son") 选择出子代元素中带有类名 son 和不带有类名 son 的元素并分别设置它们为蓝色和粉色，在浏览器中的效果如图 6-14 所示。

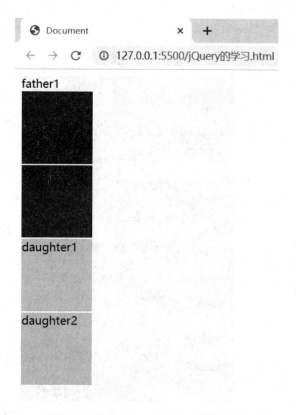

图 6-14　filter( )和 not( )方法筛选元素

9. jQuery 对 AJAX 的支持

在前面的章节中学到了 AJAX 这门技术，在没有 jQuery 提供的方法支持之前，使用原生 JavaScript 编写 AJAX 代码非常困难，因为 AJAX 对每个浏览器的实现并不相同，所以在编写 AJAX 代码时需要对各个浏览器进行测试。而 jQuery 提供的方法很好地解决了这一问题。

1）jQuery Ajax load( )方法

load( )方法用来从服务器加载数据并将加载后得到的数据存入被选择的元素中，它十分简单且功能强大。在进行示例代码的操作之前，需要在目录中准备一个文本文件用来使 load( )方法获取数据，如图 6-15 所示。

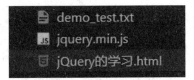

图 6-15　目录结构

将它命名为 demo_test，如示例代码 6-21 所示。

示例代码 6-21

```
<! DOCTYPE html>
<html lang="en">

<head>
  <meta charset="UTF-8">
  <meta name="viewport" content="width=device-width, initial-scale=1.0">
  <title>Document</title>
  <script src="jquery.min.js"></script>
  <style>
  </style>
</head>

<body>
  <div id="div1">
    <h2> 使用 jQuery AJAX 修改该文本 </h2>
  </div>
  <button> 获取外部内容 </button>
  <script>
    $(function () {
      $("button").click(function () {
        $("#div1").load("demo_test.txt", function (responseTxt, statusTxt, xhr) {
          if (statusTxt =="success")
            alert(" 外部内容加载成功！");
          if (statusTxt == "error")
            alert("Error:" + xhr.status + ": " + xhr.statusText);
        });
      });
    }
```

```
    )
  </script>
</body>

</html>
```

load()方法需要传递三个参数——URL、data 和 callback,其中 URL 是必需的,它负责表示需要加载的 URL 地址;data 是可选的用来发送查询字符串的键值对的集合;callback 也是可选的,当 load()方法完成后要执行的函数名称。

在上面的代码中,规定从 demo_text 文本中获取数据,随后调用回调函数。responseTxt 表示调用成功时的结果内容,statusTXT 表示调用的状态,xhr 则表示 XMLHttpRequest 对象。这个回调函数会在获取完数据后弹出提示框,如果获取数据失败则内容为错误信息,在浏览器中的效果如图 6-16 和图 6-17 所示。

图 6-16　弹出提示框(成功)

图 6-17　元素被 load( )方法替换后的效果

2) get()方法

$.get()方法通过 HTTP GET 方式从服务器上请求数据,通常在客户端与服务端的交互(如查询操作、搜索操作、读操作)时使用,它的语法如下。

$.get(URL, callback)

URL 是必需的,表示发送请求的 URL 地址;callback 是可选的,表示请求成功后需要执行的函数,如示例代码 6-22 所示。

示例代码 6-22

```
<! DOCTYPE html>
<html lang="en">


<head>
```

```
<meta charset="UTF-8">
<meta name="viewport" content="width=device-width，initial-scale=1.0">
<title>Document</title>
<script src="jquery.min.js"></script>
<style>
</style>
</head>

<body>
 <button> 获取外部内容 </button>
 <script>
  $（function（）{
   $.get（"demo_test.php"，function（data，status）{
    alert(" 数据：" + data +"\n 状态：" + status）;
   }）;
  }
  )
 </script>
</body>

</html>

// PHP 文件代码
<?  php
echo '这是个从 PHP 文件中读取的数据。';
?  >
```

在示例代码 6-22 中，get（）方法传递的第一个 URL 是要请求的地址 demo_test.php，第二个是回调函数，回调函数内第一个参数是请求页面的参数，第二个参数则是请求的状态。在浏览器中输出的效果如图 6-18 所示。

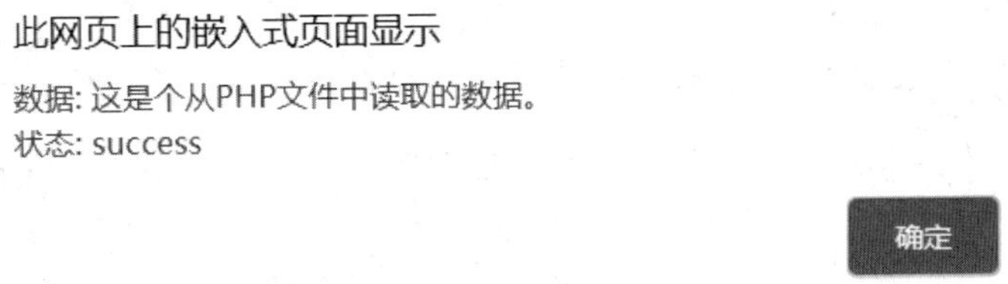

此网页上的嵌入式页面显示

数据: 这是个从PHP文件中读取的数据。
状态: success

确定

图 6-18   弹出 get( )方法从外部文件获得的内容

3）post（）方法

$.post 方法通过 HTTP POST 方式向服务器提交数据，在交互是一个命令或订单（or-der），包含更多信息或者交互改变了服务器端的资源并被用户察觉时使用。例如，订阅某项服务和用户需要对交互产生的结果负责时需要用到 post 方法。它的语法如下。

$.post（URL，data，callback）

其中必需的 URL 是需要向服务器请求的地址，data 是可选的和请求一起发送的数据，callback 同样是可选的在请求完成后的回调函数，如示例代码 6-23 所示。

示例代码 6-23

```html
<! DOCTYPE html>
<html lang="en">

<head>
 <meta charset="UTF-8">
 <meta name="viewport" content="width=device-width，initial-scale=1.0">
 <title>Document</title>
 <script src="jquery.min.js"></script>
 <style>
 </style>
</head>

<body>
 <button> 获取外部内容 </button>
 <script>
  $（function（）{
   $（"button"）.click（function（）{
    $.post（"demo_test_post.php"，
     {
      name:" 百度一下 "，
      url: "http://www.baidu.com"
     }，
     function（data，status）{
      alert（" 数据：\n" + data + "\n 状态：" + status）；
     }）；
   }）；
  }
  ）
 </script>
```

```
</body>

</html>

// php 文件代码
<? php
$name = isset($_POST['name'])? htmlspecialchars($_POST['name']): ";
$url = isset($_POST['url'])? htmlspecialchars($_POST['url']): ";
echo ' 网站名：' . $name;
echo "\n";
echo 'URL 地址：' .$url;
? >
```

在示例代码 6-23 中，URL 请求的地址是 demo_test_post.php，通过使用 data 向服务器传递一个对象，在请求完成后调用回调函数。在浏览器中输出的效果如图 6-19 所示。

此网页上的嵌入式页面显示

数据：
网站名: 百度一下
URL 地址: http://www.baidu.com
状态: success

确定

图 6-19　弹出 post( )方法获取的内容

4）get（）和 post（）方法的区别

在向服务器发起请求时，get（）和 post（）方法最后实现的效果是大致相同的，但是 post（）方法比 get（）方法更安全，同时一次可以传递更多个参数并且支持二进制的表单提交，如表 6-3 所示。

表 6-3　get( )方法和 post( )方法的区别

	get（）方法	post（）方法
后退按钮 / 刷新	无害	数据会被重新提交（浏览器应该告知用户数据会被重新提交）
书签	可收藏为书签	不可收藏为书签
缓存	能被缓存	不能被缓存
编码类型	application/x-www-form-urlencoded	application/x-www-form-urlencoded or mul-tipart/form-data。为二进制数据，使用多重编码
历史	参数保留在浏览器历史中	参数不会保存在浏览器历史中

续表

	get（）方法	post（）方法
对数据长度的限制	当发送数据时，向 URL 添加数据；URL 的长度是受限制的（URL 的最大长度是 2048 个字符）	无限制
对数据类型的限制	只允许 ASCII 字符	没有限制。也允许二进制数据
安全性	与 post（）方法相比，get（）方法的安全性较差，因为所发送的数据是 URL 的一部分	post（）方法比 get（）方法更安全，因为参数不会被保存在浏览器历史或 Web 服务器日志中
可见性	数据在 URL 中对所有人都是可见的	数据不会显示在 URL 中

技能点三　jQuery 插件

　　jQuery 的迅速发展和人才的涌入给 jQuery 带来了很多功能强大的插件，这些插件帮程序员封装了各个常用的页面功能组件，如轮播图、图片的懒加载等。下面通过介绍一个 jQuery 的瀑布流插件来说明插件的使用。瀑布流插件可以让元素以不规则的大小排列，效果如图 6-20 所示。

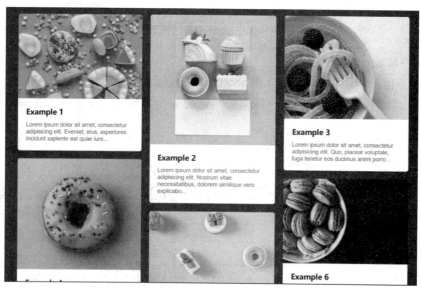

图 6-20　瀑布流效果

1. 插件的使用

　　如果要使用插件，需要从网站中下载插件文件后引入自己的页面，接下来介绍如何在 jQuery 之家网站（http://www.htmleaf.com/）中挑选和下载插件，首先进入到网站首页搜索瀑布流,得到如图 6-21 所示的结果。

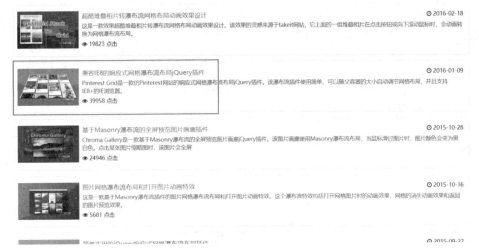

图 6-21　选择插件

这里使用"兼容 IE8 的响应式网格瀑布流布局 jQuery 插件"来介绍如何使用插件。点击进入插件的详情页面,点击"下载"按钮把插件压缩包下载到本地,放在项目目录中,打开 index.html,运行 index.html 到浏览器中。在浏览器中输出的结果如图 6-22 所示。

图 6-22　在本地运行插件

2. 个性化插件

回到 index.html 中修改插件,将网站水印自带的 header 和 footer 标签中的内容删除。之后回到插件的详情页面,查阅它的文档,寻找可修改项,在详情页的最下方有可配置参数的参考,如图 6-23 所示。

⚙ 配置参数

该瀑布流布局插件有以下一些可用的配置参数。

○ `no_columns`：网格布局一行的列数。默认值为一行3个网格。

○ `padding_x`：网格在X轴方向的padding值。默认值为10像素。

○ `padding_y`：网格在Y轴方向的padding值。默认值为10像素。

○ `margin_bottom`：网格底部的margin值。默认值为50像素。

○ `single_column_breakpoint`：指定在视口多大时一行只显示一个网格。

图 6-23　可修改的插件参数

接下来只需要根据需求在 CSS 中修改这些属性的参数即可完成自定义配置，将 no_columns 改为 5，让图片一行有 5 个网络，同时修改 padding_x 和 padding_y 的值，将图片之间的距离更改为 20 像素，再自定义修改 HTML 中标签的内容，如示例代码 6-24 所示。

```
示例代码 6-24
<! doctype html>
<html lang="zh">

<head>
 <meta charset="UTF-8">
 <meta http-equiv="X-UA-Compatible" content="IE=edge, chrome=1">
 <meta name="viewport" content="width=device-width, initial-scale=1.0">
  <title> 兼容 IE8 的响应式网格瀑布流布局 jQuery 插件 |DEMO_jQuery 之家 - 自由
分享 jQuery、html5、css3 的插件库 </title>
 <link rel="stylesheet" href="css/normalize.css">
 <link rel="stylesheet" type="text/css" href="css/default.css">
 <style type="text/css">
 #gallery-wrapper {
  position: relative;
  max-width: 75%;
  width: 75%;
  margin: 50px auto;
 }

 img.thumb {
```

```
      width: 100%;
      max-width: 100%;
      height: auto;
    }

    .white-panel {
      position: absolute;
      background: white;
      border-radius: 5px;
      box-shadow: 0px 1px 2px rgba(0, 0, 0, 0.3);
      padding: 10px;
    }

    .white-panel h1 {
      font-size: 1em;
    }

    .white-panel h1 a {
      color: #A92733;
    }

    .white-panel: hover {
      box-shadow: 1px 1px 10px rgba(0, 0, 0, 0.5);
      margin-top: -5px;
      -webkit-transition: all 0.3s ease-in-out;
      -moz-transition: all 0.3s ease-in-out;
      -o-transition: all 0.3s ease-in-out;
      transition: all 0.3s ease-in-out;
    }
  </style>
  <! --[if IE]>
    <script src="http://libs.useso.com/js/html5shiv/3.7/html5shiv.min.js"></script>
    <! [endif]-->
</head>
```

```html
<body>
 <section id="gallery-wrapper">
  <article class="white-panel">
   <img src="img/1.jpg" class="thumb">
   <h1><a href="#"> 迅腾科技集团有限公司 1</a></h1>
   <p> 迅腾 1</p>
  </article>
  <article class="white-panel">
   <img src="img/2.jpg" class="thumb">
   <h1><a href="#"> 迅腾科技集团有限公司 2</a></h1>
   <p> 迅腾 2</p>
  </article>
  <article class="white-panel">
   <img src="img/3.jpg" class="thumb">
   <h1><a href="#"> 迅腾科技集团有限公司 3</a></h1>
   <p> 迅腾 3</p>
  </article>
  <article class="white-panel">
   <img src="img/4.jpg" class="thumb">
   <h1><a href="#"> 迅腾科技集团有限公司 4</a></h1>
   <p> 迅腾 4</p>
  </article>
  <article class="white-panel">
   <img src="img/5.jpg" class="thumb">
   <h1><a href="#"> 迅腾科技集团有限公司 5</a></h1>
   <p> 迅腾 5</p>
  </article>
  <article class="white-panel">
   <img src="img/6.jpg" class="thumb">
   <h1><a href="#"> 迅腾科技集团有限公司 6</a></h1>
   <p> 迅腾 6</p>
  </article>
  <article class="white-panel">
   <img src="img/7.jpg" class="thumb">
```

```html
  <h1><a href="#"> 迅腾科技集团有限公司 7</a></h1>
  <p> 迅腾 7</p>
</article>
<article class="white-panel">
  <img src="img/8.jpg" class="thumb">
  <h1><a href="#"> 迅腾科技集团有限公司 8</a></h1>
  <p> 迅腾 8</p>
</article>
<article class="white-panel">
  <img src="img/9.jpg" class="thumb">
  <h1><a href="#"> 迅腾科技集团有限公司 9</a></h1>
  <p> 迅腾 9</p>
</article>
<article class="white-panel">
  <img src="img/10.jpg" class="thumb">
  <h1><a href="#"> 迅腾科技集团有限公司 10</a></h1>
  <p> 迅腾 10</p>
</article>
<article class="white-panel">
  <img src="img/11.jpg" class="thumb">
  <h1><a href="#"> 迅腾科技集团有限公司 11</a></h1>
  <p> 迅腾 11</p>
</article>
<article class="white-panel">
  <img src="img/12.jpg" class="thumb">
  <h1><a href="#"> 迅腾科技集团有限公司 12</a></h1>
  <p> 迅腾 12</p>
</article>
<article class="white-panel">
  <img src="img/13.jpg" class="thumb">
  <h1><a href="#"> 迅腾科技集团有限公司 13</a></h1>
  <p> 迅腾 13</p>
</article>
<article class="white-panel">
```

```
            <img src="img/14.jpg" class="thumb">
            <h1><a href="#"> 迅腾科技集团有限公司 14</a></h1>
            <p> 迅腾 14</p>
        </article>
        <article class="white-panel">
            <img src="img/15.jpg" class="thumb">
            <h1><a href="#"> 迅腾科技集团有限公司 15</a></h1>
            <p> 迅腾 15</p>
        </article>
    </section>


<script src="js/jquery-1.11.0.min.js"></script>
<script src="js/pinterest_grid.js"></script>
<script type="text/javascript">
    $(function(){
        $("#gallery-wrapper").pinterest_grid({
            no_columns: 5,
            padding_x: 20,
            padding_y: 20,
            margin_bottom: 50,
            single_column_breakpoint: 700
        });

    });
</script>
</body>

</html>
```

根据插件文档修改 CSS 属性和 HTML 内容，完成个性化修改，在浏览器中输出的效果
如图 6-24 所示。

图 6-24　个性化配置插件

　　其他更多好用的插件可在网站中检索并下载,然后根据发布者提供的文档修改相应内容为需求的样式即可完成个性化设置。

　　通过下面五个步骤的操作,实现如图 6-25 所示的留言板效果。

图 6-25　留言板

　　第一步:点击创建并保存为留言板 .html 文件,并在页面中通过外联方式引入 jQuery 文件，如示例代码 6-25 所示。

示例代码 6-25

```
<! DOCTYPE html>
<html>
<head lang="en">
 <meta charset="UTF-8">
 <title></title>
 <script src="jquery.min.js">
</head>

<body>
</body>
</html>
```

第二步：在软件中写入基本的 HTML 代码用于给 jQuery 进行操作，如示例代码 6-26 所示。

示例代码 6-26

```
<! DOCTYPE html>
<html>

<head lang="en">
 <meta charset="UTF-8">
 <title></title>
</head>

<body>
 <div class="box" id="weibo">
  <span> 留言板 </span>
  <textarea name="" class="txt" cols="30" rows="10"></textarea>
  <button class="btn"> 留言 </button>
  <ul>
  </ul>
 </div>
</body>

</html>
```

在浏览器中输出的结果如图 6-26 所示。

图 6-26　基本结构

第三步：给静态页面中添加样式，如示例代码 6-27 所示。

```
示例代码 6-27
<! DOCTYPE html>
<html>

<head lang="en">
 <meta charset="UTF-8">
 <title></title>
 <style>
  * {
   margin: 0；
   padding: 0
  }

  ul {
   list-style: none
  }

  .box {
   width: 600px；
   margin: 100px auto；
   border: 1px solid #000；
   padding: 20px；
  }
```

```
    textarea {
      width: 450px;
      height: 160px;
      outline: none;
      resize: none;
    }

    ul {
      width: 450px;
      padding-left: 80px;
    }

    ul li {
      line-height: 25px;
      border-bottom: 1px dashed #cccccc;
      display: none;
    }

    input {
      float: right;
    }

    ul li a {
      float: right;
    }
  </style>

</head>

<body>
  <div class="box" id="weibo">
    <span> 留言板 </span>
    <textarea name="" class="txt" cols="30" rows="10"></textarea>
    <button class="btn"> 留言 </button>
    <ul>
```

```
      </ul>
    </div>
  </body>

</html>
```

在浏览器中输出的效果如图 6-27 所示。

图 6-27　添加样式

第四步：点击"留言"按钮后创建一个 li 标签放入 ul 标签并在标签中添加"删除"按钮，如示例代码 6-28 所示。

```
示例代码 6-28
<! DOCTYPE html>
<html>

<head lang="en">
  <meta charset="UTF-8">
  <title></title>
  <style>
    * {
      margin: 0;
      padding: 0
    }

    ul {
      list-style: none
    }

    .box {
```

```
    width: 600px;
    margin: 100px auto;
    border: 1px solid #000;
    padding: 20px;
    background-color: #cccccc;
}

textarea {
    width: 450px;
    height: 160px;
    outline: none;
    resize: none;
    background-color: #ffffff;
}

ul {
    width: 450px;
    padding-left: 80px;
}

ul li {
    line-height: 25px;
    border-bottom: 1px dashed #cccccc;
    display: none;
}

input {
    float: right;
}

ul li a {
    float: right;
}
</style>
<script src="jquery.min.js">
```

```
</script>
<script>
 $(function() {
   // 1. 点击留言按钮后创建一个 li 标签放入 ul 标签并在标签中添加删除按钮
   $(".btn").on("click", function() {
     var li = $("<li></li>");
     li.html($(".txt").val()+"<a href='javascript: ;'> 删除 </a>");
     $("ul").prepend(li);
     li.slideDown();
     $(".txt").val("");
   })
 })
</script>
</head>

<body>
 <div class="box" id="weibo">
  <span> 留言板 </span>
  <textarea name="" class="txt" cols="30" rows="10"></textarea>
  <button class="btn"> 留言 </button>
  <ul>
  </ul>
 </div>
</body>

</html>
```

在浏览器中输出的效果如图 6-28 所示。

图 6-28 创建 li 标签

第五步：点击"删除"按钮后删除当前所选的 li 标签，如示例代码 6-29 所示。

示例代码 6-29

```html
<! DOCTYPE html>
<html>

<head lang="en">
 <meta charset="UTF-8">
 <title></title>
 <style>
  * {
   margin: 0;
   padding: 0
  }

  ul {
   list-style: none
  }

  .box {
   width: 600px;
   margin: 100px auto;
   border: 1px solid #000;
   padding: 20px;
   background-color: #cccccc;
  }

  textarea {
   width: 450px;
   height: 160px;
   outline: none;
   resize: none;
   background-color: #ffffff;
  }

  ul {
   width: 450px;
   padding-left: 80px;
```

```
    }

    ul li {
      line-height: 25px;
      border-bottom: 1px dashed #cccccc;
      display: none;
    }

    input {
      float: right;
    }

    ul li a {
      float: right;
    }
</style>
<script src="jquery.min.js">
</script>
<script>
  $（function（）{
    //1.点击"留言"按钮后创建一个 li 标签放入 ul 标签并在标签中添加"删除"按钮
    $（".btn"）.on（"click", function（）{
      var li = $（"<li></li>"）;
      li.html（$（".txt"）.val（）+"<a href='javascript：；'> 删除 </a>"）;
      $（"ul"）.prepend（li）;
      li.slideDown（）;
      $（".txt"）.val（" "）;
    }）
    //2.点击"删除"按钮后删除当前所选的 li 标签
    $（"ul"）.on（"click", "a", function（）{
      $（this）.parent（）.slideUp（function（）{
        $（this）.remove（）;
      }）;
    }）
```

```
    })
    </script>
</head>

<body>
    <div class="box" id="weibo">
        <span> 留言板 </span>
        <textarea name="" class="txt" cols="30" rows="10"></textarea>
        <button class="btn"> 留言 </button>
        <ul>
        </ul>
    </div>
</body>

</html>
```

在浏览器中输出的效果如图 6-29 所示。

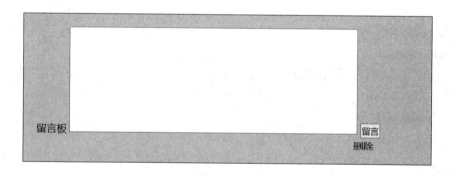

图 6-29　删除了 li 标签

至此一个留言板模块的代码就编写完成了。

本项目通过对"留言板"留言功能的实现,对 jQuery 基础语法有了初步的了解,并详细了解 jQuery 中链式编程、DOM 操作以及遍历的使用方法,培养使用插件完成页面修改的能力。

英 语 角

Download	下载	mouseover	鼠标悬停
hide	隐藏	removeClass	移除类
Show	显示	first	首个元素
click	点击	Last	末位元素
focus	焦点	load	加载

任 务 习 题

一、选择题

1. 下列不属于 jQuery 选择器的是（　　　）。

A. 基本选择器　　　　B. 进一步选择器　　　　C. 类选择器　　　　D. 后代选择器

2. （　　　）表示追加到指定元素的末尾。

A. appendTo（）　　　　B. after（）　　　　C. insertAfter（）　　　　D. append（）

3. （　　　）事件可实现指定方法。

A. click（fn）　　　　B. change（fn）　　　　C. select（fn）　　　　D. bind（fn）

4. （　　　）事件可实现输入验证。

A. change（fn）　　　　B. select（fn）　　　　C. bind（fn）　　　　D. click（fn）

5. （　　　）不属于 jQuery 文档处理。

A. 包裹　　　　B. 替换　　　　C. 删除　　　　D. 外部插入

二、填空题

1. jQuery 中 $（this）.get（0）的写法和 ＿＿＿＿＿＿＿＿ 是等价的。

2. 在 jQuery 中，想让一个元素隐藏，用 ＿＿＿＿＿＿＿ 实现。

3. jQuery 访问对象中的 size（）方法的返回值和 jQuery 对象的 ＿＿＿＿＿＿ 属性一样。

4. 在一个表单里，想要找到指定元素的第一个元素用 ＿＿＿＿＿＿＿＿ 实现。

5. jQuery 中提供了 ＿＿＿＿＿＿＿＿ 方法可以停止冒泡。

项目七 初识 Vue.js

本项目通过对"购物车"添加商品与计算价格功能案例的实现,了解 Vue.js 的模式结构,熟悉 Vue 的声明周期函数,掌握 Vue 指令的基本使用,培养使用 Vue.js 实现界面效果的能力。在任务实现过程中:

● 了解 Vue 的安装与引用;
● 熟悉 Vue 的语法格式与使用;
● 掌握 Vue 计算属性与侦听器的使用;
● 培养使用 Vue 指令实现程序构建的能力。

课程思政

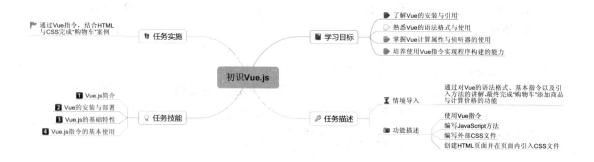

【情境导入】

Vue.js 是一套构建用户界面的渐进式 JavaScript 框架,其本质上来说也是 JS 代码,可作为一个 JS 库使用,也可用来构建系统界面。本项目通过对 Vue 的语法格式、基本指令以及引入方法的讲解,最终完成"购物车"添加商品与计算价格的功能。

【功能描述】

● 使用 Vue 指令。
● 编写 JavaScript 方法。
● 编写外部 CSS 文件。
● 创建 HTML 页面并在页面内引入 CSS 文件。

技能点一 Vue.js 简介

Vue.js 是一套用于构建用户界面的渐进式框架,其原理是自底向上逐层应用,核心是关注视图层。在使用过程中,它可以与当代化的工具链以及各种支持类库结合使用,同时也能够为复杂的单页应用提供驱动。

1. Vue.js 的模式

Vue.js 可以说是 MVVM 架构的最佳实践,主要由 Model、View 和 ViewModel 三部分构成, Model 层代表数据模型,可定义数据修改和操作;View 代表视图组件,可将数据模型以Web 形式进行展示;ViewModel 是数据模型与视图的桥梁,也是该框架的核心。

ViewModel 通过双向数据绑定把 View 层和 Model 层连接起来, Model 和 ViewModel之间的交互是双向的,因此 View 数据的变化会同步到 Model 中,而 Model 数据的变化也会立即反映到 View 上。其 MVVM 模式图如图 7-1 所示。

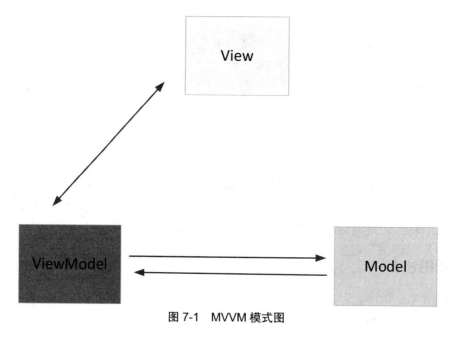

图 7-1　MVVM 模式图

2. Vue.js 的优势

1）双向数据绑定

Vue.js 可根据用户在代码中预先写好的绑定关系,通过对页面中的某些数据自动进行响应,对所有绑定在一起的数据和视图内容都进行修改,即响应式数据绑定。其实现双向数据绑定的原理如图 7-2 所示。

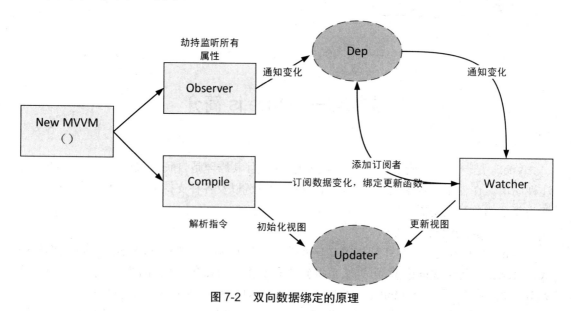

图 7-2　双向数据绑定的原理

通过上图可知:设定数据监听器(Observer),监听数据对象的所有属性,获取更新值并通知订阅者;同时设定指令解析器(Compile),根据对元素指令的扫描解析,更新数据;设置订阅者(Watcher)获取变化属性及数据,并执行相应回调函数,更新视图。

2）组件化开发

Vue 的组件化开发把一个单页应用中的各种模块拆分到单独的组件（component）中，每一个组件都是独立的，可在系统内部进行复用、嵌套，极大减少代码量，能有效提高应用开发效率、测试性、复用性等。

3）轻量高效

Vue.js 通过简洁的 API 提供高效的数据绑定和灵活的组件系统。

4）动画系统

Vue.js 提供了简单强大的动画系统，除了使用 CSS 完成动画效果外，还可结合 Animation 以及 JavaScript 钩子函数进行更底层的动画处理。

技能点二　Vue 的安装与部署

1. 本地下载

在 Vue 官网，（https://vuejs.org/v2/guide/installation.html）进行软件下载。在下载过程中，Vue.js 的下载版本分为两种，分别是开发版本和生产版本。开发版本（Development Version）包含完整的警告和调试模式；生产版本（Production Version）为压缩版本，删除了警告功能，建议在开发环境下不要使用此版本，其版本展示如图 7-3 所示。

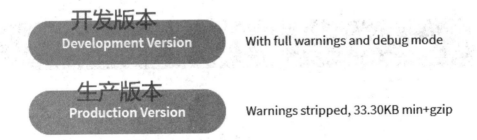

图 7-3　Vue.js 下载版本

下载完成的 Vue.js 文件在 HTML 页面中使用时，通过 <script> 标签引入，语法格式如示例代码 7-1 所示。

示例代码 7-1

```
<script src="js/vue.js" ></script>
```

2. 使用 CDN 引入

CDN 是指内容传送网络，其基本原理是广泛采用各种缓存服务器，将这些缓存服务器分布到用户访问相对集中的地区或网络中，在用户访问网站时，利用全局负载技术将用户的访问指向距离最近的工作正常的缓存服务器上，由缓存服务器直接响应用户请求。

此方式无须下载 Vue.js 文件至本地。以下三种支持 Vue 引入的 CDN，在使用过程中，需要确保本地网络可用。

（1）Staticfile CDN（国内），其引入代码如示例代码 7-2 所示。

示例代码 7-2

```
<script src="https://cdn.staticfile.org/vue/2.2.2/vue.min.js" ></script>
```

（2）Unpkg（国外），此版本会和 npm 发布的最新版本保持一致，其引入代码如示例代码 7-3 所示。

示例代码 7-3

```
<script src="https://unpkg.com/vue/dist/vue.js" ></script>
```

（3）Cdnjs（国外），其引入代码如示例代码 7-4 所示。

示例代码 7-4

```
<script src="https://cdnjs.cloudflare.com/ajax/libs/vue/2.1.8/vue.min.js" ></script>
```

3. 命令行工具

使用命令行工具实现 Vue 项目，需要在系统中进行 Vue.js 的环境搭建。使用命令行实现 Vue.js 环境搭建的步骤如下。

第一步：下载 node.js，因为 Vue 的运行主要依赖 node 的 npm 管理工具，其官方下载网址为"http://nodejs.cn/download/"。根据自身电脑配置选择 32 位或 64 位，其下载界面如图 7-4 所示。

图 7-4　node.js 下载

第二步：安装 node.js，双击下载好的"node.js"应用程序运行并安装。其安装过程中按照默认选项，一直点击"Next"，直至安装结束即可。其安装过程如图 7-5 至图 7-11 所示。

node-v14.8.0-x
64

图 7-5 node.js 应用程序

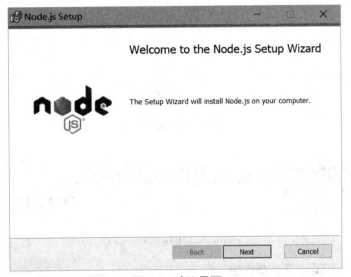

图 7-6 欢迎界面

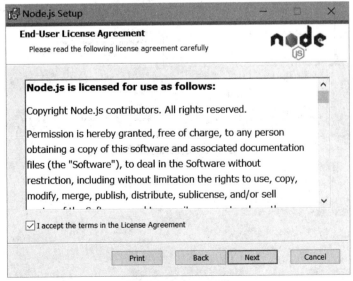

图 7-7 同意条款界面

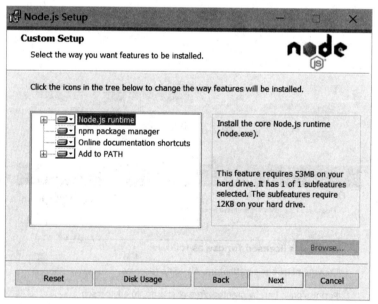

图 7-8　安装路径界面

图 7-9　信息配置界面

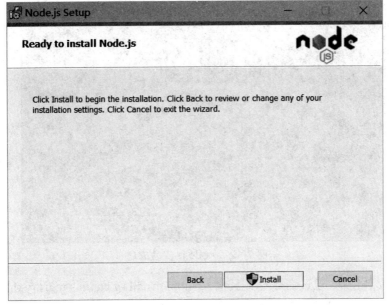

图 7-10 安装界面

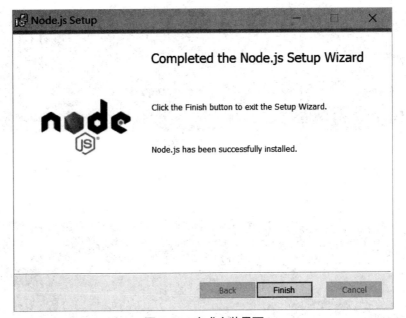

图 7-11 完成安装界面

第三步：验证 node.js 是否成功安装，通过命令行工具输入"node -v"，按回车键后若出现版本号即安装成功，效果如图 7-12 所示。

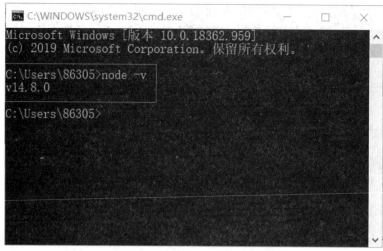

图 7-12　node.js 安装成功

第四步：安装镜像，通过命令行工具输入“npm install -g cnpm --registry=https：//registry.npm.taobao.org”，效果如图 7-13 所示。

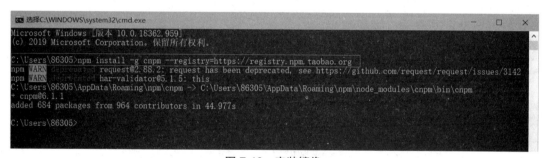

图 7-13　安装镜像

第五步：安装 Vue，通过命令行工具输入“cnpm install vue”，效果如图 7-14 所示。

图 7-14　安装 Vue

第六步：安装全局 vue-cli 脚手架，通过命令行工具输入“cnpm install --global vue-cli”，效果如图 7-15 所示。

图 7-15　安装全局 vue-cli 脚手架

第七步：验证 Vue 是否安装成功，通过命令行工具输入"vue -V"，按回车键后显示版本号即安装成功，效果如图 7-16 所示。

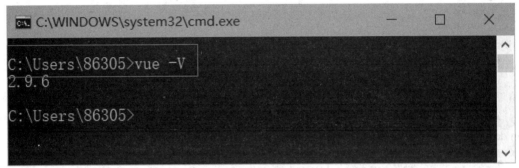

图 7-16　Vue 安装成功

第八步：通过命令行工具创建 Vue 项目，其语法格式为"vue init 模版名称 项目名称"，下面以 webpack 模版为基础，创建一个名为"vdemo"的项目，其命令为"vue init webpack vdemo"，实现效果如图 7-17 所示。

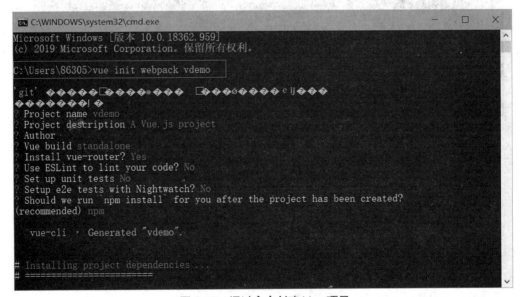

图 7-17　通过命令创建 Vue 项目

第九步：查看项目创建结构，如图 7-18 所示。

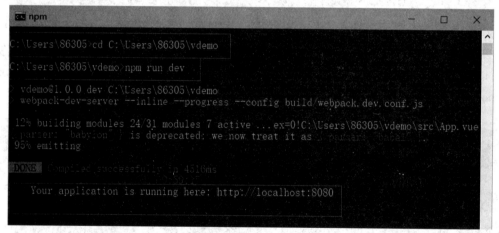

图 7-18　Vue 项目结构图

第十步：运行该项目，通过"cd 项目路径"命令，进入该项目对应的命令框中，输入"npm run dev"命令，效果如图 7-19 所示。

图 7-19　运行 Vue 项目

第十一步：在浏览器中访问"http://localhost: 8080/"，运行效果如图 7-20 所示。

图 7-20　Vue 项目运行图

技能点三　Vue.js 的基础特性

1.Vue.js 的语法格式

Vue.js 的核心是一个允许采用简洁的模板语法来声明式地将数据渲染进 DOM 的系统，其语法格式如下。

```
var vm= new Vue（{

}）
```

如在页面中输出文字"Hello Vue！"，其主要代码如示例代码 7-5 所示。

```
示例代码 7-5
<body>
<div id="app">
    <p>{{message}}</p>
</div>
<script src="https://unpkg.com/vue/dist/vue.js"></script>
<script>
    var app = new Vue（{
        el: '#app',
        data: {
            message:'Hello Vue！'
```

```
        }
    })
</script>
</body>
```

注意:

①构建界面结构,通过 id="app" 设置信息框的 id,并使用"{{ }}"输出对象属性和函数返回值;

②使用 CDN 的方式引入 Vue.js,需要在连接网络的情况下运行;

③在 <script> 标签中,通过"var app = new Vue({})",创建 Vue 对象,其中"el"属性值为 DOM 元素中 id 选择器的名称,代表 Vue 在 HTML 界面中可操作的内容范围;"data"代表定义属性,保存将要显示到页面中的数据。

运行此界面,效果如图 7-21 所示。

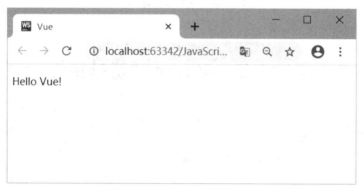

图 7-21　使用 Vue 输出文字

2. 生命周期函数

每个 Vue 实例在被创建时都要经过一系列的初始化过程——组件创建、数据初始化、挂载、更新、销毁,这就是一个组件的生命周期。在生命周期运转的过程中也会运行一些叫做生命周期钩子的函数,使用生命周期钩子函数,可以执行相关的业务逻辑。其生命周期钩子的函数分布如图 7-22 所示。

图 7-22　生命周期钩子

以数据的修改过程为例,查看每个生命周期钩子函数的实现过程,主要代码如示例代码 7-6 所示。

示例代码 7-6

```
<body>
<div id="app">
  <p>{{ number }}</p>
  <input type="text" name="btnSetNumber" v-model="number">
</div>
<script src="https://unpkg.com/vue/dist/vue.js"></script>
<script>
  var app = new Vue({
    el: '#app',
    data: {
      number: 2020
    },
    beforeCreate: function() {
        console.log('beforeCreate 在创建对象之前,监控数据变化和初始化事件之前
调用');
        console.log(this.number) // 数据监测还没有开始
    },

    created: function() {
      console.log('created 实例创建完成之后调用,挂载阶段还没有开始');
      console.log(this.number)
    },

    beforeMount: function() {
        console.log('beforeMount 开始挂载的时候执行,这时 html 还没有渲染到页
面上');
        console.log(this.number)
    },

    mounted: function() {
      console.log('mounted 挂载完成,这个钩子函数只会执行一次');
      console.log(this.number)
    },

    beforeUpdate: function() {
```

```
        console.log（'beforeUpdate 数据更新之前调用'）；
        console.log（this.number）
      },

    updated: function（）{
      console.log（'updated 数据更新之后调用'）；
      console.log（this.number）
    },

    beforeDestroy: function（）{
      console.log（'beforeDestroy 数据销毁之前'）；
      console.log（this.number）
    },

    destroyed: function（）{
      console.log（'destroyed 数据销毁之后'）；
      console.log（this.number）
    },
  }）；
</script>
</body>
```

注意：
①console.log（）在控制台中输出语句；
②beforeCreate 实例初始化之后调用；
③created 实例创建完成之后调用；
④beforeMount 开始挂载的时候执行；
⑤mounted 挂载完成，这个钩子函数只会执行一次；
⑥beforeUpdate 数据更新之前调用；
⑦updated 数据更新之后调用；
⑧beforeDestroy 数据销毁之前调用；
⑨destroyed 数据销毁之后调用。
运行此页面，效果如图 7-23 所示。

图 7-23　数据修改过程示意图

3. 计算属性与侦听器

1）计算属性

Vue 中的计算属性通过 computed 来表示，可用于快速计算视图（View）中显示的属性。这些计算信息将被缓存，并且只在需要时更新。computed 用来监控自己定义的变量，该变量不在 data 里面声明，直接在 computed 里面定义，可在页面上进行双向数据绑定展示结果或者用作其他处理。以"输入文本，转化为原文本 + 后缀"为例，代码如示例代码 7-7 所示。

示例代码 7-7
\<body>
\<div id="test">
你输入的：\<input type="text" v-model="message">\
将变成：\<input type="text" v-model="newMessage" disabled>

```
    </div>
    <script src="https://unpkg.com/vue/dist/vue.js"></script>
    <script>
      let vm = new Vue({
        el: '#test',
        data: { message: "},
        computed: {
          newMessage: function() {
            return this.message==""? ": this.message+', 哈哈！';
          },
          newMessageForTest: {
            get: function() {
              return this.message==""? ": this.message+', 嘿嘿！';
            }
          }
        }
      });
    </script>
  </body>
```

注意：

①newMessage 默认对应的方法为 message 的 getter 方法；

②newMessageForTest 为 message 专门提供了 get。

运行此页面，在输入框中输入"Vue"，效果如图 7-24 所示。

图 7-24　computed 属性

2）侦听属性

Vue 中的侦听属性用 watch 表示，watch 可以监控一个值的改变。以"获取文本框中

值"为例,每更改一次输入框中内容,便向控制台中输出一次"文本改变",代码如示例代码
7-8 所示。

```
示例代码 7-8
<body>
<div id="app">
  <p>a: {{a}}</p>
  <p>a: <input type="text" v-model="a"></p>
</div>
<script src="https://unpkg.com/vue/dist/vue.js"></script>
<script>
  new Vue({
    el: '#app',
    data(){
      return{
        a:'2'
      }
    },
    watch: {
      a: {
        handler(newVal, objVal){
          console.log('文本改变');
        },
      }
    }
  })
</script>
</body>
```

运行此页面,并修改两次文本框中内容,效果如图 7-25 所示。

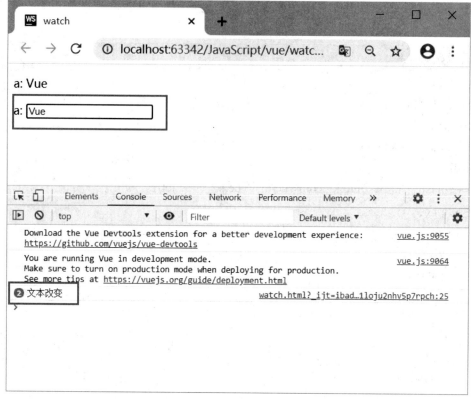

图 7-25　watch 监听

技能点四　Vue.js 指令的基本使用

Vue.js 提供特殊的指令,可在渲染的 DOM 上使用特殊的响应式行为。前缀为"v-",可分为文本操作指令、关键指令、条件指令和循环指令等。当核心功能默认内置的指令不能满足功能所需时,Vue.js 也允许注册自定义指令。

1. 文本操作指令

文本操作指令可分为 v-text 指令、v-html 指令和 v-once 指令。

"v-text"指令,代表声明变量名,并存储要输出的内容,等同于"{{ }}"。以输出文本为例,代码如示例代码 7-9 所示。

示例代码 7-9

```
<body>
<script src="https://unpkg.com/vue/dist/vue.js"></script>
<p v-text="msg" id="t"></p>
```

```
<script>
  new Vue（{
    el：'#t',
    data：{
        msg：'v-text 指令实现文字输出 '
    }
  }）
</script>
</body>
```

运行此页面，效果如图 7-26 所示。

图 7-26　v-text 指令

"v-html"指令可用来解析带 html 标签的文本信息，以输出粗体文字为例，代码如示例代码 7-10 所示。

示例代码 7-10

```
<body>
<script src="https://unpkg.com/vue/dist/vue.js"></script>
<p v-html='msg' id="h"></p>
<script>
  new Vue（{
    el：'#h',
    data：{
        msg：'<b>v-html 指令实现文字输出 </b>'
    }
  }）
</script>
</body>
```

运行此页面，效果如图 7-27 所示。

图 7-27　v-html 指令

　　"v-once"指令,代表一次性文本赋值,以输出文本为例,在使用过程中需要注意被定义了 v-once 指令的元素或组件(包括元素或组件内的所有子孙节点)只能被渲染一次。首次被渲染后,即使数据发生变化,也不会被重新渲染。一般用于静态内容展示,代码如示例代码 7-11 所示。

```
示例代码 7-11
<body>
<script src="https://unpkg.com/vue/dist/vue.js"></script>
<p v-once id="o">{{ msg }}</p>
<script>
  new Vue({
    el: '#o',
    data: {
        msg: '<b>v-once 一次性文本 </b>'
    }
  })
</script>
</body>
```

　　注意:在此案例中,"msg"变量信息同样添加了"<b>"加粗标签,但页面并未显示效果,说明只有在使用"v-html"指令时,才会对信息中的标签进行解析。

　　运行此页面,效果如图 7-28 所示。

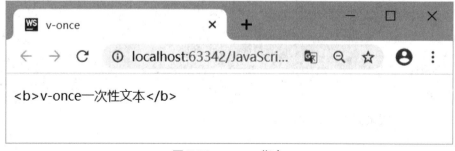

图 7-28　v-once 指令

2. 关键指令

关键指令分为 v-bind 指令、v-model 指令以及 v-on 指令。

"v-bind"指令只能实现数据的单向绑定,其完整格式为"v-bind:属性名 =" 常量 || 变量名 "",简写格式为":属性名 =" 变量名 ""。以点击文字进入 Vue 官网为例使用 v-bind 指令,代码如示例代码 7-12 所示。

示例代码 7-12

```html
<body>
<div id="app">
  <a v-bind:href="url">Vue 官网 </a>
</div>
<script src="https://unpkg.com/vue/dist/vue.js"></script>
<script>
  new Vue({
     el: '#app',
     data: {
        url : 'https://cn.vuejs.org/v2/guide/index.html'
     }
  })
</script>
</body>
```

运行此界面,效果如图 7-29 所示。

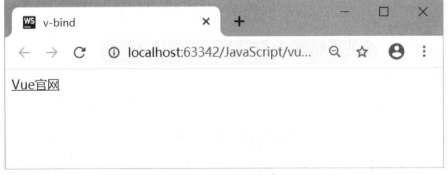

图 7-29　v-bind 指令

"v-model"指令实现数据的双向绑定,它会根据控件类型自动选取正确的方法来更新元素。其完整格式为"v-model:" 变量名 "",限制在 <input>、<select>、<textarea>、components 中使用。以"选择下拉框中选项并显示"为例使用 v-model 指令,代码如示例代码 7-13 所示。

示例代码 7-13

```html
<body>
<div id="app">
```

```
    <select v-model="selected">
      <option value="A">A</option>
      <option value="B">B</option>
      <option value="C">C</option>
    </select>
    <span> 选项为：{{ selected }}</span>
  </div>
  <script src="https：//unpkg.com/vue/dist/vue.js"></script>
  <script>
    new Vue（{
      el：'#app',
      data：{
        selected："
      }
    }）；
  </script>
</body>
```

运行此界面, 效果如图 7-30 所示。

图 7-30   v-model 指令

"v-on"指令用来实现事件绑定, 由于 v-on 很常用所以它也有一个简写方式 @, 如 @ click="onClick"。当用对象同时绑定多个事件时, 不能用 @ 代替 v-on 指令。以点击按钮弹出 v-on 指令提示为例使用 v-on 指令, 代码如示例代码 7-14 所示。

示例代码 7-14

```
<body>
<div id="app">
  <button v-on：click="onClick">v-on</button>
</div>
```

```
<script src="https://unpkg.com/vue/dist/vue.js"></script>
<script>
  new Vue({
    el: '#app',
    methods: {
      onClick: function() {
          alert('v-on 指令')
        }
      }
  });
</script>
</body>
```

注意：methods 属性代表定义方法。

运行此界面，效果如图 7-31 所示。

图 7-31　v-on 指令

3. 条件指令

条件指令可分为 v-if 指令、v-else 指令和 v-else-if 指令，v-esle 会默认与 v-if 等有条件的分支绑定。以验证信息为例，若"isok"变量值为"true"，返回"此信息正确"；若"isok"变量值为"false"，返回"此信息错误"。代码如示例代码 7-15 所示。

示例代码 7-15

```
<body>
<div id="app">
  <h1 v-if="isok"> 此信息正确 </h1>
```

```
        <h1 v-else> 此信息错误 </h1>
    </div>
    <script src="https://unpkg.com/vue/dist/vue.js"></script>
    <script>
        var vm = new Vue（{
            el：'#app',
            data：{
                isok：true
                  }
        }）
    </script>
    </body>
```

运行此页面，效果如图 7-32 所示。

图 7-32   v-if 指令

v-else-if 必须和有条件的 v-if 分支绑定，以判断选项为例，当选"A"时提示"选项为 A"；当选"B"时提示"选项为 B"；当选"C"时提示"选项为 C"；当输入其他选项时，提示"未输入 ABC"。代码如示例代码 7-16 所示。

示例代码 7-16

```
<body>
<div id="app">
    <h3 v-if="code == 'A'"> 选项为 A</h3>
    <h3 v-else-if="code == 'B'"> 选项为 B</h3>
    <h3 v-else-if="code == 'C'"> 选项为 C</h3>
    <h3 v-else> 未输入 ABC</h3>
```

```
  </div>
  <script src="https://unpkg.com/vue/dist/vue.js"></script>
  <script>
    var vm = new Vue（{
      el：'#app',
      data：{
        code:'A'
      }
    }）
  </script>
</body>
```

运行此页面,效果如图 7-33 所示。

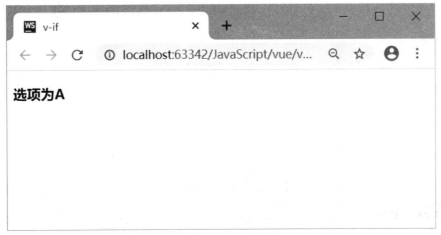

图 7-33 v-else-if 指令

4. 循环指令

循环指令通过 v-for 表示,可分为四种循环:循环普通数组、循环对象数组、循环对象以及迭代数字。

循环普通数组,声明数组并赋值,通过 v-for 指令进行遍历。代码如示例代码 7-17 所示。

示例代码 7-17

```
<body>
<div id="app">
  <p v-for="item in list">{{item}}</p>
</div>
<script src="https://unpkg.com/vue/dist/vue.js"></script>
```

```
<script>
  var vm = new Vue({
    el: '#app',
    data: {
      list:[1,2,3,4,5]
    }
  })
</script>
</body>
```

运行此页面,效果如图 7-34 所示。

图 7-34　v-for 循环普通数组

循环对象数组,声明数组并赋值,通过 v-for 指令进行遍历。代码如示例代码 7-18
所示。

示例代码 7-18

```
<body>
<div id="app">
  <p v-for="(user,i) in list">id:{{user.id}}　名称:{{user.name}}</p>
</div>
<script src="https://unpkg.com/vue/dist/vue.js"></script>
<script>
  var vm = new Vue({
    el: '#app',
    data: {
      list:[{
        id:1,name:' 赵一 '
      },{
```

```
        id:2,name:' 钱二 '
    },{
        id:3,name:' 孙三 '
    },{
        id:4,name:' 李四 '
    }]
  }
})
</script>
</body>
```

注意:"(user,i)in list"中,"user"代表 value 值,"i"代表索引。

运行此页面,效果如图 7-35 所示。

图 7-35 v-for 循环对象数组

循环对象,声明对象并赋值,通过 v-for 指令进行遍历,获取对应的变量值与变量名。代码如示例代码 7-19 所示。

示例代码 7-19

```
<body>
<div id="app">
  <p v-for="(val,key)in user"> 变量名:{{key}} 变量值:{{val}}</p>
</div>
<script src="https://unpkg.com/vue/dist/vue.js"></script>
<script>
  var vm = new Vue({
    el: '#app',
```

```
        data：{
            user:{
                id:1,
                name:' 赵一 ',
                sex:' 男 '
            }
        }
    })
</script>
</body>
```

注意："（val，key）in user"中，"val"代表变量值，"key"代表键，即变量名。

运行此页面，效果如图 7-36 所示。

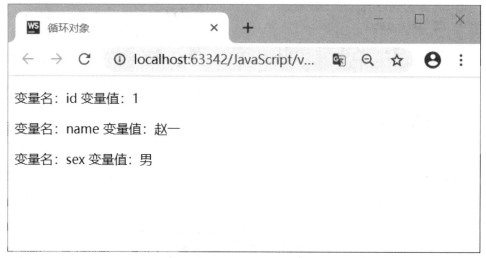

图 7-36   v-for 循环对象

迭代数字，即获取遍历次数，须使用 count 属性，且遍历次数从 1 开始。代码如示例代码 7-20 所示。

示例代码 7-20

```
<body>
<div id="app">
    <p v-for="count in 5"> 这是第 {{count}} 次循环 </p></div>
<script src="https://unpkg.com/vue/dist/vue.js"></script>
<script>
    var vm = new Vue（{
```

```
        el: '#app',
        data：{


        }
    })
</script>
</body>
```

注意："count in 5"代表循环 5 次。

运行此页面，效果如图 7-37 所示。

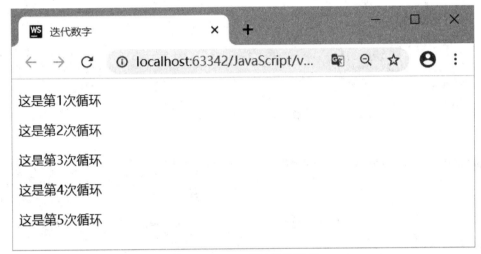

图 7-37　v-for 循环普通数组

5. 自定义指令

代码复用和抽象的主要形式是组件，当需要对普通 DOM 元素进行底层操作时就会用到自定义指令。自定义指令的语法如下。

```
Vue.directive（id，definition）
```

其中，id 代表指令 ID，definition 代表指令定义对象。一个指令定义对象可以提供如下几个钩子函数。

bind：只调用一次，指令第一次绑定元素时调用。在这里可以进行一次性的初始化设置。

inserted：被绑定元素插入父节点时调用（仅保证父节点存在，但不一定已被插入文档中）。

update：所在组件的 VNode 更新时调用，但是可能发生在其子 VNode 更新之前。指令的值可能发生了改变，也可能没有。

componentUpdated：指令所在组件的 VNode 及其子 VNode 全部更新后调用。

unbind：只调用一次，指令与元素解绑时调用。

以"输入框自动聚焦"为例，介绍此方法，代码如示例代码 7-21 所示。

示例代码 7-21

```
<body>
<input v-focus>
<script src="https://unpkg.com/vue/dist/vue.js"></script>
<script>
// 注册一个全局自定义指令 'v-focus'
  Vue.directive('focus', {
// 当被绑定的元素插入到 DOM 中时
    inserted: function (el) {
// 聚焦元素
      el.focus()
    }
  })
</script>
</body>
```

运行此界面,效果如图 7-38 所示。

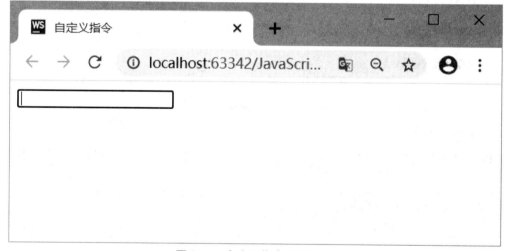

图 7-38　自定义指令自动聚焦

根据本讲所学内容,需通过 Vue 指令,结合 HTML 与 CSS 完成"购物车"案例,在此案例中,填入能够显示品名、价格以及当前商品在购物车的数量等信息,点击左右加减号可对

商品数量进行设置,最后根据购物车中内容计算总和。操作步骤如下。

第一步:创建项目,项目结构如图 7-39 所示。

图 7-39 项目结构

第二步:编辑"cart.html"页面,在此界面中构建基本页面结构以及所要实现的功能方法,并引入 CSS 样式表。代码如示例代码 7-22 所示。

```
示例代码 7-22
<head>
  <meta charset="utf-8">
  <title> 购物车 </title>
  <link rel="stylesheet" href="css/cart.css">
</head>
<body>
<div id="app">
  <div class="page-top">
    <div class="page-content">
      <h2> 购物清单 </h2>
    </div>
  </div>
  <div class="main">
    <table border="1" cellspacing="6" cellpadding="6">
      <tr><th> 品名 </th><th> 价格 </th><th> 重量 </th></tr>
      <tr v-for="(item,index) in list">
        <td>{{ item.name }}</td>
        <td>({{ item.price }} ￥/kg)</td>
        <td>
          <span>
<button type="button" @click="reduce(item)">-</button>
</span>
          <span>{{ item.quality }}</span>
          <span>
<button type="button" @click="add(item)">+</button>
```

```
    </span>
        </td>
      </tr>
      <tr>
        <td> 总计 </td>
        <td colspan="2">{{ total }}</td>
      </tr>
      <tr>
        <td> 添加商品:<input type="text" v-model="Name" /></td>
        <td> 商品价格:<input type="number" v-model="Price" /></td>
        <td><button type="button" @click="AddnewFood"> 加入购物车 </button></td>
      </tr>
    </table>
  </div>
</div>
<script src="https://unpkg.com/vue/dist/vue.js"></script>
<script type="text/javascript">
  const vm= new Vue（{
    el:"#app",
    data:{
      total:0,
      Name:"",
      Price:"",
      list:[
        {
          name:" 苹果 ",
          price:8,
          quality:1
        },
        {
          name:" 橘子 ",
          price:7,
          quality:1
        },
```

```
                {
                    name:" 香蕉 ",
                    price:6,
                    quality:1
                },
                {
                    name:" 西瓜 ",
                    price:5,
                    quality:1
                },
            ]
        },
        methods:{
            add(item){
                item.quality++;
                this.calcaute();
            },

            reduce(item){
                item.quality--;
                // 当商品总质量小于 0 移除商品
                if(item.quality<0)
                {
                    // 获得商品的索引
                    let index= this.list.indexOf(item);
                    // 从数组移除商品
                    this.list.splice(index,1)
                }
                this.calcaute();
            },
            AddnewFood(){
                if(this.Name==""||this.Price==""){
                    alert(" 添加商品信息不能为空哦 ~")
                }
```

```
        else{
          this.list.push（{
            name：this.Name，
            price：this.Price，
            quality：1
          }）
          this.calcaute（）；
        }
      },
      calcaute（item）{
        this.total=0；
        this.list.forEach（（item）=>{
          this.total+=item.price*item.quality；
        }）
        this.Name=""，
          this.Price=""；
      },
      // 声明周期函数 当 vm 被创建会执行 created
      create（）{
        this.calcaute（）；
      }
    }
  }）
</script>
</body>
```

第三步：编写 CSS 样式表，代码如示例代码 7-23 所示。

示例代码 7-23

```
.page-top {
  width: 100%；
  height: 40px；
  background-color: #db4c3f；
}

.page-content {
  width: 50%；
```

```
    margin：0px auto；
  }
.page-content h2{
    line-height：40px；
    font-size：18px；
    color：#fff；
    text-align：center；
  }

.main {
    width：100%；
    margin：2% 15%；
    box-sizing：border-box；
  }
table {
    border：1px solid #403e3e36；
    width：70%；
    line-height：35px；
    text-align：center；
    font-size：18px；
  }
```

第四步：运行"cart.html"界面，运行效果如图 7-40 至图 7-41 所示。

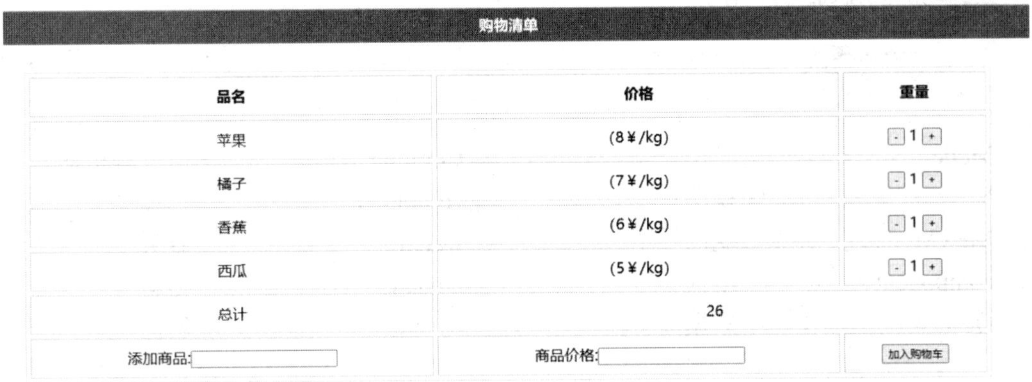

购物清单		
品名	**价格**	**重量**
苹果	(8￥/kg)	- 1 +
橘子	(7￥/kg)	- 1 +
香蕉	(6￥/kg)	- 1 +
西瓜	(5￥/kg)	- 1 +
总计	26	
添加商品: [ ]	商品价格: [ ]	加入购物车

图 7-40 购物车界面

购物清单		
品名	**价格**	**重量**
苹果	(8¥/kg)	- 1 +
橘子	(7¥/kg)	- 1 +
香蕉	(6¥/kg)	- 1 +
西瓜	(5¥/kg)	- 1 +
榴莲	(35¥/kg)	- 1 +
总计	61	
添加商品:	商品价格:	加入购物车

图 7-41　添加水果之后购物车界面

任 务 总 结

　　本项目通过对"购物车"添加商品和计算价格功能的实现,对 Vue 的语法格式、声明周期有了初步的了解,并详细了解 Vue 的引入方式以及使用方法,培养使用 Vue 指令以及侦听器完成数据添加计算功能的能力。

英 语 角

Model	模型	Compile	指令解析器
View	视图	computed	计算
ViewModel	视图模型	watch	监听
component	组件	Update	更新
Observer	数据监听器	Create	创建

一、选择题

1. 下列钩子函数中表示实例创建完成之后调用的是（　　）。

A. beforeCreate　　　　B. created　　　　　　C. beforeMount　　　　D. mounted

2. Vue 提供特殊的指令，以（　　）为前缀。

A. v-　　　　　　　　B. m-　　　　　　　　C. b-　　　　　　　　D. c-

3. 下列不属于文本操作指令的是（　　）。

A. v-once　　　　　　B. v-text　　　　　　C. v-html　　　　　　D. v-on

4. 循环指令通过（　　）表示。

A. v-if　　　　　　　B. v-on　　　　　　　C. v-for　　　　　　D. v-bind

5. 下列指令课实现数据双向绑定的是（　　）。

A. v-bind　　　　　　B. v-model　　　　　　C. v-on　　　　　　D. v-once

二、填空题

1. 在控制台输出的语句是 _____。

2. MVVM 架构由 View、_____ 和 ViewModel 三部分构成。

3. Vue 生命周期过程为 _____、数据初始化、挂载、更新和销毁。

4. v-bind 指令只能实现数据的 _____。

5. Vue 中的侦听属性通过 _____ 表示。

项目八　Vue 的应用

本项目通过对"选项卡切换"案例的实现，了解 Vue 组件的创建语法，熟悉 Vue 组件的注册方式，掌握 Vue 组件之间的通信方式，培养使用 Vue 路由设置页面跳转的能力。在任务实现过程中：

- 了解 Vue 传值类型；
- 熟悉 Vue 组件传值方法；
- 掌握 Vue 过渡与动画的方法；
- 培养独立实现 Vue 开发程序的能力。

课程思政

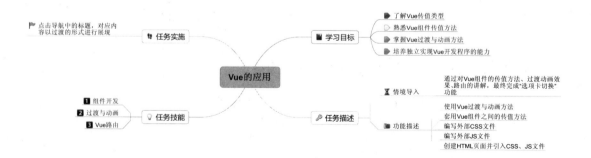

【情境导入】

与传统页面相比，Vue 采用组件式开发，将 Web 开发中的每个模块都进行划分，拆成单独的组件，再根据对应的元素，设置元素数据并绑定数据，进行页面渲染。本项目通过对 Vue 组件的传值方法、过渡动画效果、路由的讲解，最终完成"选项卡切换"功能。

【功能描述】

● 使用 Vue 过渡与动画方法。
● 套用 Vue 组件之间的传值方法。
● 编写外部 CSS 文件。
● 编写外部 JS 文件。
● 创建 HTML 页面并引入 CSS、JS 文件。

技能点一　组件开发

组件（Component）是 Vue 的核心，拥有自定义封装的功能，可以把一个功能相关的 HTML、CSS 和 JavaScript 代码封装在一起组成整体代码。一个组件系统允许使用小型、独立以及可复用的组件构建大型应用。

1. 组件的创建语法

组件创建有两种格式。

第一种：先定义注册配置，后创建。其语法格式如下。

```
// 组件的注册
  var vm= Vue.extend（{
  template: '<div> </div>'
}）
// 组件的创建
  Vue.component（'组件名称', vm）
```

注意:

①组件的配置项通过"Vue.extend（）"进行注册,并赋给了变量"vm",变量名称为自定义;

②template 的 DOM 结构必须被一个元素包含,缺少 <div></div> 将无法渲染并报错;

③"Vue.component（'组件名称', vm）"为组件创建语句;

④组件名称在命名时,须注意命名为一个单词时,首字母要大写,如"<First>",命名为多个单词时,全部采用小写,且单词与单词之间使用"-"作为连接符,如"<my-demo>"。

第二种:直接创建组件。其语法格式如下。

```
Vue.component（组件名称,{}）
```

注意:"{}"中放置的内容为组件的配置项。

2. 组件的注册方式

Vue 组件在使用前必须先进行注册,并在 new Vue（）实例范围内进行使用。其注册方式分为全局注册和局部注册两种。

1）全局注册

通过全局注册的组件可在任意 Vue 实例中使用。代码如示例代码 8-1 所示。

实例代码 8-1

```
<body>
<div id="app">
  <First></First>
</div>
<div id="out">
  < First ></ First >
</div>
<script src="https://unpkg.com/vue/dist/vue.js"></script>
<script>
  var Hel = Vue.extend（{
  template: '<div> 这里是全局组件 </div>'
  }）
  Vue.component（'First', Hel）
```

```
    new Vue（{
    el: '#app'
    }）
    new Vue（{
    el: '#out'
    }）
</script>
</body>
```

在页面框架中，两个 <div> 都设置了组件名称，且都进行了实例化，所以界面中会显示两次"这里是全局组件"。运行此页面，效果如图 8-1 所示。

图 8-1　组件的创建

2）局部注册

通过局部注册创建的组件，只在注册实例中生效。代码如示例代码 8-2 所示。

实例代码 8-2

```
<body>
<div id="app">
  <Second></Second>
</div>
<div id="out">
  <Second></Second>
</div>
<script src="https://unpkg.com/vue/dist/vue.js"></script>
<script>
  var Hello = Vue.extend（{
    template:'<div> 这是局部组件 </div>'
  }）
  new Vue（{
    el:"#app",
```

```
    components: ({
        // 局部注册组件
        'Second': Hello,
    })
});
// 在 #app 内注册的组件,#out 访问不到
new Vue({
    el: "out"
})
    </script>
    </body>
```

此代码中,同样设置了两个 <div> 以及组件名称,但创建组件的部分位于"#app"实例中,代表声明的组件配置只在"#app"实例中生效。运行此界面,效果如图 8-2 所示。

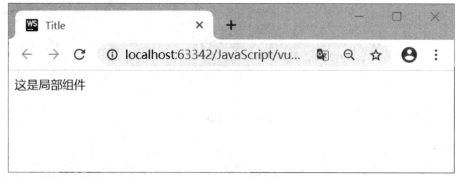

图 8-2　局部注册组件

3. 组件通信

组件实例的作用域是相互独立的,不同组件的数据须通过特定方法进行传递。组件与组件之间的信息传递可分为两个层面,分别是父子通信和非父子通信。其关系如图 8-3 所示。

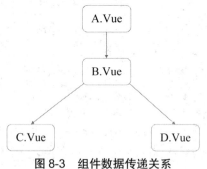

图 8-3　组件数据传递关系

其中 A 与 B、B 与 C、B 与 D 可归为父子通信,C 与 D、A 与 C、A 与 D 可理解为非父子

通信。在程序编写过程中需通过不同的使用场景,选择对应的通信方式。

1)父子通信

在 Vue 中父组件通过 prop 方法向子组件下发数据,子组件通过事件"$emit"向父组件发送信息。其关系如图 8-4 所示。

图 8-4　父子通信关系

(1)父组件向子组件传值。

prop 是单向绑定的,只能从父组件传递信息到子组件,当子组件中内容修改时,对父组件的状态不会造成影响。父组件向子组件动态传入信息如示例代码 8-3 所示。

实例代码 8-3

```
<body>
<div id="app">
  // 通过 v-model 实现动态传递
<input type="text" v-model="fatherMsg"><br>
<p> 子组件接收到的信息:</p>
<child-component :msg="fatherMsg"></child-component>
</div>
<script src="https://unpkg.com/vue/dist/vue.js"></script>
<script>
  var app = new Vue({
    el: '#app',
    data: {
      fatherMsg: 你好,Vue!
    },
    components: {
      'child-component': {
//props 用来接受父组件传递的信息
        props: ['msg'],
        template: '<div>{{msg}}</div>',
      }
    }
```

```
})
</script>
</body>
```

注意：

①在子组件中声明 msg 属性，并通过 props 来接收父级数据；

②动态传递信息，通过 v-model 实现；

③每次父组件更新时，子组件的所有 props 都会更新为最新值。

运行此页面，效果如图 8-5 所示。

图 8-5　通过 props 接受父组件信息

（2）子组件向父组件传值。

子组件在向父组件传值的过程中，子组件相当于一个 button 按钮，为其添加了 click 事件，点击时将触发 $emit()事件，并将信息传给父组件。如点击按钮实现账户余额的增减，设置当前余额为 2000，点击"收款"时，余额增加 1000，点击"付款"时，余额减去 1000。代码如示例代码 8-4 所示。

实例代码 8-4

```
<body>
<div id="app">
我的账户余额为：{{count}}
// 创建子组件，通过 @xxx 声明事件
    <child-component @xxx="changeCount"></child-component>
</div>
<script src="https://unpkg.com/vue/dist/vue.js"></script>
<script>
// 创建 Vue 实例
var app = new Vue({
// 指明 Vue 实例可作用的范围
    el: '#app',
// 设置初始数据为 2000
```

```
        data: {
            count: 2000
        },
// 声明数值改变方法,value 代表子组件中传入的值
        methods: {
            changeCount: function (value) {
                this.count = value
            }
        },
// 局部创建组件
        components: {
// 设置组件配置项,@click 代表设置触发事件
            'child-component': {
                template: `<div>
                <button @click="handleIncrease"> 收款 </button>
                <button @click="handleReduce"> 付款 </button>
                </div>`,
// 设置数据初始返回值为 2000
                data: function () {
                    return {
                        count: 2000
                    }
                },
// 声明方法
                methods: {
// 收款方法为在获取的数据基础上加 1000
// 此处获取的数据为组件中的 count
                    handleIncrease: function () {
                        this.count += 1000
                        // emit 表示向父组件通信
// 第一个参数是自定义事件的名称,后面是要传入的值
                        this.$emit('xxx', this.count)
                    },
// 付款方法为在获取的数据基础上减 1000
                    handleReduce: function () {
                        this.count -= 1000
                        this.$emit('xxx', this.count)
                    }
```

```
                }
              }
            }
          })
      </script>
    </body>
```

运行此页面，效果如图 8-6 至图 8-8 所示。

图 8-6　默认情况下的账户余额

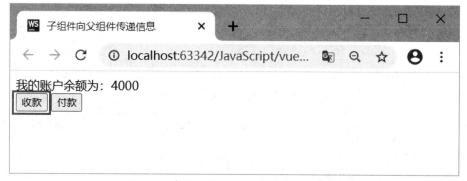

图 8-7　点击两次"收款"之后的账户余额

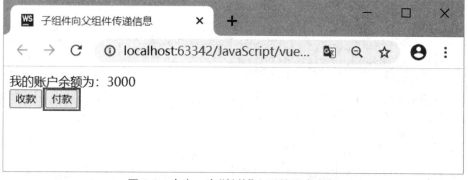

图 8-8　点击一次"付款"之后的账户余额

2）非父子通信

非父子组件之间的通信是以单独的事件中心管理组件为媒介，通过调用"$emit"发送数据，调用"$on"监听接收数据，从而实现组件之间的参数传递。其关系如图 8-9 所示。

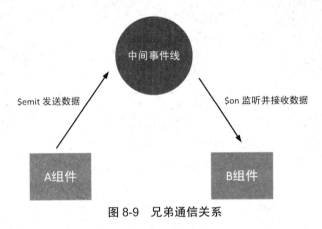

图 8-9　兄弟通信关系

创建一个 Vue 的实例，让每个组件都共用同一个事件机制。代码如示例代码 8-5 所示。

实例代码 8-5

```
<head>
  <meta charset="UTF-8">
  <title> 非父子组件传值 </title>
  <script src="https://unpkg.com/vue/dist/vue.js"></script>
</head>
<body>
<div id="box">
  <child1></child1>
  <child2></child2>
</div>
<template id="c1">
  <h1> 组件 1：{{msg}} <button @click='fn'> 点击 </button></h1>
</template>
<template id="c2">
  <h3> 组件 2：{{msg2}}</h3>
</template>
<script>
  var Hub=new Vue（）；// 中转站,其中不需要设置任何参数
  var vm=new Vue（{
    el: '#box',
    components: {
      child1: {
```

```
                template: '#c1',
                data: function（）{
                  return {
                      msg: 'hello'
                  }
                },
                methods: {
                  fn: function（）{
                      // 2）主动触发监听（中转站触发监听）
                      console.log（this.msg）; //hello
                      Hub.$emit（'change', this.msg）//$emit 触发监听方法
                  }
                }
              },
              child2: {
                template: '#c2',
                data: function（）{
                  return {
                      msg2: 'Vue'
                  }
                },
                // 创建完成 new Vue create mount
                // 钩子函数
                created（）{
                  // 3）接收监听 $on（' 事件名称 ', function（val）{}）val 是传递过来的值
                  Hub.$on（'change', function（val）{
                      console.log（val）//hello
                  })
                }
              }
            }
          })
        </script>
      </body>
```

注意：

① 创建组件；

② 通过" var Hub=new Vue（）; "创建 Vue 实例，作为中转站；

③ 创建 <button> 按钮，建立点击事件，通过点击按钮将组件 1 的值传送给组件 2；

④ 通过"var vm=new Vue（{ }）"，决定组件作用范围，创建传值方法等；

⑤ 在组件 child1 中，通过 data 定义返回信息为"hello"；通过 methods 定义方法；通过 "console.log（this.msg）；"在控制台输出"hello"；通过"Hub.$emit（'change'，this.msg）"触发监听事件，获取到组件 1 的值；

⑥ 在组件 child2 中，通过 data 定义返回信息为"Vue"；通过钩子函数"created"以及 "Hub.$on（'change'，function（val）{ }）"接收监听函数信息；通过"console.log（val）"在控制台输出从组件 1 中获取的值。

运行此页面，点击按钮，效果如图 8-10 所示。

图 8-10　兄弟组件传值

该控制台中，第一个"hello"为组件 1 输入的值，第二个"hello"为组件 2 接收的值。

技能点二　过渡与动画

1. 过渡

Vue.js 的内置过渡系统，可设置元素在页面文档中从出现到消失的过程，为了实现此效果，Vue 提供了 transition 的封装组件，在下列情形中，可以给任何元素和组件添加进入 / 离开过渡。

（1）条件渲染（使用 v-if）。

（2）条件展示（使用 v-show）。

（3）列表渲染（使用 v-for，仅在进入 / 离开时触发）。

（4）动态组件。

（5）组件根节点。

其过渡过程及其作用范围如图 8-11 所示。

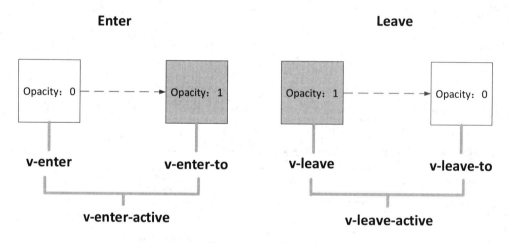

图 8-11　过渡关系

在进入 / 离开的过渡过程中，可分为六个状态的转变，分别是进入模块与离开模块中的开始、过渡、结束。

1）v-enter（进入）类

（1）v-enter：代表进入过渡的开始状态，在元素插入前生效，在插入后的下一帧被移除。

（2）v-enter-active：代表进入过渡生效时的状态。在整个进入过渡的阶段中应用，在元素被插入之前生效，在过渡 / 动画完成之后被移除。

（3）v-enter-to：代表进入过渡的结束状态。在元素被插入之后下一帧生效（与此同时 v-enter 被移除），最后在过渡 / 动画完成之后与 v-enter-active 一起被移除。

2）v-leave（离开）类

（1）v-leave：代表离开过渡的开始状态。在离开过渡被触发时立刻生效，下一帧被移除。

（2）v-leave-active：代表离开过渡生效时的状态。在整个离开过渡的阶段中应用，在离开过渡被触发时刻生效，在过渡 / 动画完成之后被移除。

（3）v-leave-to：代表离开过渡的结束状态。在离开过渡被触发之后下一帧生效（与此同时 v-leave 被删除），最后在过渡 / 动画完成之后与 v-leave-active 一起被移除。

2. 动画

Vue 提供了 animate.css 动画以及 JavaScript 钩子函数，它们会在适当的时机实现过渡或动画效果。

1）使用 Vue 的 transition 标签结合 CSS 样式完成动画

使用 transition 标签添加需要运动的元素，当 transition 标签的 name 设置为"show"时，后续所有的类名都需要改变，默认前缀为"v-"。以"滑进滑出的动态效果"为例，点击"滑进 / 滑出"按钮，文字向左滑进；再次点击"滑进 / 滑出"按钮文字向右滑出并消失。代码如示例代码 8-6 所示。

实例代码 8-6

```
<head>
  <meta charset="UTF-8">
  <meta name="viewport" content="width=device-width, initial-scale=1.0">
  <meta http-equiv="X-UA-Compatible" content="ie=edge">
  <title>transition 标签结合 CSS</title>
  <style>
    .show-enter-active,.show-leave-active{
      transition: all 1s;
    }
    .show-enter,.show-leave-to{
      margin-left: 100px;
    }
    .show-enter-to,.show-leave{
      margin-left: 0px;
    }
  </style>
  <script src="https://unpkg.com/vue/dist/vue.js"></script>
</head>
<body>
<div id="app">
  <button @click="toggle"> 滑进 / 滑出 </button><br>
  <! -- <transition > -->
  <transition name="show">
    <span class="show" v-show="isshow">transition 标签结合 css 实现动画 </span>
```

```
    </transition>
  </div>
  </body>
  <script>
    new Vue({
      el:'#app',
      data:{
        isshow:false
      },
      methods:{
        toggle:function(){
          this.isshow = ! this.isshow;
        }
      }
    })
  </script>
```

运行此界面,效果如图 8-12 至图 8-13 所示。

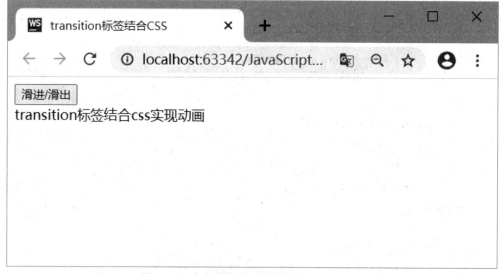

图 8-12　点击"滑进 / 滑出"按钮,向左滑进

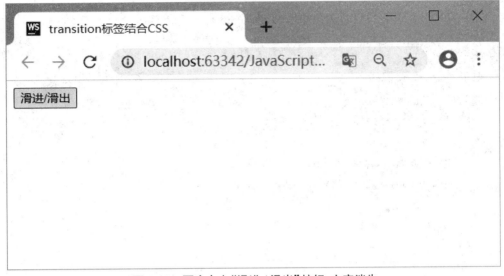

图 8-13　再次点击"滑进 / 滑出"按钮，文字消失

2）使用 animate.css 结合 transition 实现动画

animate.css 是一款即用型跨浏览器动画库，可通过 CDN 的方式进行引入。引入代码如示例代码 8-7 所示。

实例代码 8-7

```
<head>
 <link
  rel="stylesheet"
  href="https://cdnjs.cloudflare.com/ajax/libs/animate.css/4.0.0/animate.min.css"
 />
</head>
```

以"文字显示与隐藏"为例，点击"显示 / 隐藏"按钮，显示文字；再次点击"显示 / 隐藏"按钮，隐藏文字。代码如示例代码 8-8 所示。

实例代码 8-8

```
<head>
 <meta charset="UTF-8">
 <meta name="viewport" content="width=device-width，initial-scale=1.0">
 <meta http-equiv="X-UA-Compatible" content="ie=edge">
 <title>animate.css 结合 transition 实现动画 </title>
 <link rel="stylesheet"
href="https://cdnjs.cloudflare.com/ajax/libs/animate.css/4.0.0/animate.min.css"
 />
```

```html
    <script src="https://unpkg.com/vue/dist/vue.js"></script>
</head>

<body>
<div id="app">
    <button @click="toggle"> 显示 / 隐藏 </button><br>
    <transition
        enter-active-class="animated fadeInRight"
        leave-active-class="animated fadeOutRight"
    >
        <div style="width:200px" class="show" v-show="isshow">animate.css 结合 transition 实现动画 </div>
    </transition>
</div>
</body>

<script>

    // 实例化 vue 对象（MVVM 中的 View Model）
    new Vue({
    el:'#app',
        data:{
    isshow:false
        },
        methods:{
            toggle:function(){
                this.isshow = ! this.isshow;
            }
        }
    })
</script>
```

运行此界面，效果如图 8-14 至图 8-15 所示。

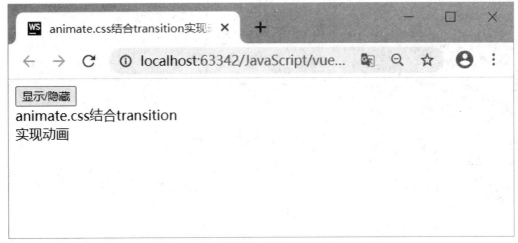

图 8-14　点击"显示 / 隐藏"按钮，显示文字

图 8-15　再次点击"显示 / 隐藏"按钮，隐藏文字

3）使用钩子函数实现动画

使用钩子函数实现文字显示并消失的效果，代码如示例代码 8-9 所示。

实例代码 8-9

```
<head>
  <meta charset="UTF-8">
  <meta name="viewport" content="width=device-width，initial-scale=1.0">
  <meta http-equiv="X-UA-Compatible" content="ie=edge">
  <title> 钩子函数实现动画 </title>
  <style>
    .show {
      transition: all 2s;
    }
```

```
  </style>
  <script src="https://unpkg.com/vue/dist/vue.js"></script>
</head>

<body>
<div id="app">

  <button @click="toggle"> 显示 </button><br>
  <transition @before-enter="beforeEnter" @enter="enter" @after-enter="afterEnter">
    <div class="show" v-show="isshow"> 钩子函数实现动画 </div>
  </transition>
</div>

</body>

<script>
  new Vue({
    el: '#app',
    data: {
      isshow: false
    },
    methods: {
      toggle: function () {
        this.isshow = ! this.isshow;
      },
   // 以下三个与 enter 相关的方法只会在元素由隐藏变为显示时才执行
    // done:用来决定是否要执行后续的代码,如果不执行,那么将来执行完
beforeEnter 以后动画就会停止
      beforeEnter: function (el) {
        console.log("beforeEnter");
        // 当入场之前会执行 v-enter
        el.style = "padding-left: 100px";
      },
      enter: function (el, done) {
        // 当进行的过程中每执行 v-enter-active
```

```
            console.log("enter");
            // 为了能让代码正常进行,在设置了结束状态后必须调用一下这个元素的
offsetHeight 。  offsetHeight  只是为了让动画执行
            el.offsetHeight;
            // 结束的状态最后写在 enter 中
            el.style = "padding-left: 0px";
            // 执行 done 继续向下执行
            done();
        },
        afterEnter: function (el) {
            // 当执行完毕以后会执行
            console.log("afterEnter");
            this.isshow = false;
        }
    }
})
</script>
```

运行此界面,点击"显示"按钮,文字向左滑进并在两秒后消失,效果如图 8-16 所示。

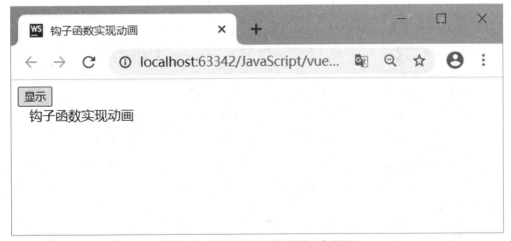

图 8-16   通过钩子函数实现文字显示

技能点三   Vue 路由

Vue 路由包括路由与路由器。route 表示单个路由或某一个路由; routes 表示多个路由
的集合,官方将其定义为多个数组的集合; router 表示路由器,负责管理 route 以及 routes,并

通过解析 URL 以及调用对应的控制器返回从视图对象中提取好的网页代码给 Web 服务器,最终返回客户端。

Vue 路由可分为两类,分别是前端路由和后端路由。前端路由主要通过 URL 中的 hash (# 号)来实现不同页面之间的切换,且只存在于单页面之中;后端路由根据 URL 地址,跳转到服务器上对应的资源。

Vue 路由的使用可分为以下几个步骤。

(1)引入 vue-router 官方引用库,引入代码如示例代码 8-10 所示。

实例代码 8-10
<script src="https://unpkg.com/vue-router/dist/vue-router.js"></script>

(2)通过 router-link 组件制作导航,代码如示例代码 8-11 所示。

实例代码 8-11
<router-link to=" 指定链接 "> 导航名称 </router-link>

(3)通过 router-view 组件渲染页面,如示例代码 8-12 所示。

实例代码 8-12
<router-view></router-view>

(4)创建 router 路由实例,使用 router 属性来定义路由规则。

以下为通过 Vue 路由创建完整导航实例,主要代码如示例代码 8-13 所示。

实例代码 8-13

```
<head>
    <meta charset="utf-8">
    <title>Vue 路由 </title>
    <script src="https://cdn.staticfile.org/vue/2.4.2/vue.min.js"></script>
    <script src="https://unpkg.com/vue-router/dist/vue-router.js"></script>
</head>
<body>
<div id="app">
    <p>
        <router-link to="/first"> 知识点一 </router-link>
        <router-link to="/second"> 知识点二 </router-link>
    </p>
    <router-view></router-view>
</div>

<script>
    // 定义路由组件。
```

```
    var First = { template: '<div> routes 设置多个路由时,需要通过 {} 括起来 </div>'}
    var Second = { template：'<div>path 代表跳转地址链接；component 代表获取传入的
参数值 </div>' }
    // 定义路由
    var routes = [
        { path: '/first', component: First },
        { path: '/second', component: Second }
    ]
    // 创建 router 实例,然后传 'routes' 配置
    var router = new VueRouter ( {
        routes
    } )
    // 创建和挂载根实例。
    var app = new Vue ( {
        el: "#app",
        router
    } )
 </script>
 </body>
```

运行此页面,效果如图 8-17 至图 8-18 所示。

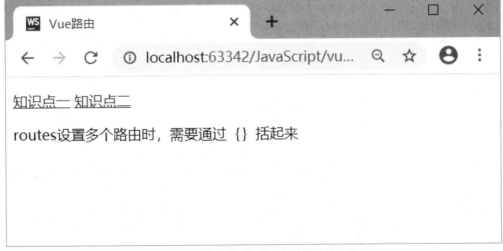

图 8-17　点击"知识点一"时显示的内容

图 8-18　点击"知识点二"时显示的内容

　　本任务将通过实现一个"选项卡切换"案例来巩固组件传值、动画和路由的应用,在该案例中需要实现的效果为点击导航中的标题,对应内容以过渡的形式进行展现。具体操作步骤如下。

　　第一步:创建项目,项目结构如图 8-19 所示。

图 8-19　项目结构

　　第二步:创建 HTML 页面,将其命名为"tab.html",搭建页面基本结构,其主要代码如示例代码 8-14 所示。

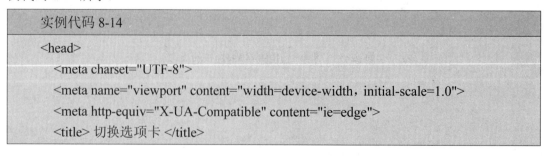

实例代码 8-14

```html
<head>
    <meta charset="UTF-8">
    <meta name="viewport" content="width=device-width, initial-scale=1.0">
    <meta http-equiv="X-UA-Compatible" content="ie=edge">
    <title> 切换选项卡 </title>
```

```
</head>
<body>
<div id="app">
  <tabs v-model="activeKey">
    <transition name="slide-fade">
      <pane label=" 图片一 " name="1">
        <img src="img/1.bmp"/></pane>
    </transition>
    <transition name="slide-fade">
      <pane label=" 图片二 " name="2">
        <img src="img/2.bmp"/></pane>
    </transition>
    <transition name="slide-fade">
      <pane label=" 图片三 " name="3">
        <img src="img/3.bmp"/></pane>
    </transition>
  </tabs>
</div>
</body>
```

第三步：在 CSS 文件夹下，创建文件"style.css"，在该样式表中设置导航样式以及对应标题内容的过渡效果。主要代码如示例代码 8-15 所示。

实例代码 8-15

```
.tabs {
  font-size: 14px;
  color: black;
}
.tabs-bar: after {
  content: ";
  display: block;
  width: 100%;
  height: 1px;
  position: relative;
  background: rgba(78, 81, 128, 0.5);
}
.tabs-tab {
  display: inline-block;
  padding: 4px 16px;
```

```css
    margin-right: 6px;
    color: rgba(0, 0, 0, 0.6);
    background: rgba(134, 134, 131, 0.137);
    border: 1px solid rgba(154, 214, 248, 0.856);
    cursor: pointer;
    position: relative;
}
.tabs-tab-active {
    background: rgb(252, 251, 251);
    color: rgba(0, 0, 0, 1);
    border-top: 1px solid rgba(154, 214, 248, 0.856);
    border-bottom: 1px solid white;
}
.tabs-content {
    position: relative;
    left: 10px;
    top: 30px;
    padding: 8px 0;
}


/* 可以设置不同的进入和离开动画 */
/* 设置持续时间和动画函数 */
.slide-fade-enter-active {
    transition: all 1.3s ease;
}

.slide-fade-leave-active {
    transition: all 1.8s cubic-bezier(1, 0.5, 0.8, 1);
}

.slide-fade-enter,
.slide-fade-leave-to

    /* .slide-fade-leave-active for below version 2.1.8 */
{
    transform: translateY(30px);
    opacity: 0;
}
```

第四步：在 JS 文件夹下，创建第一个 JS 文件，名为"pane.js"，用来设置导航监听，并获取标题。主要代码如示例代码 8-16 所示。

实例代码 8-16

```
Vue.component（'pane', {
  name: 'pane',
  template：`
<div class="pane" v-if="show">
  <slot> </slot>
</div>
`,
  props: {
    name: {
      type: String
    },
    label: {
      type: String,
      default: "
    },
    closable: {
      type: Boolean，
      default: true
    }
  },

  data: function（）{
    return {
      show: true
    }
  },
  methods: {
    updateNav（）{
      this.$parent.updateNav（）;
    }
  },
  watch：{
    label（）{
      this.updateNav（）;
    }
```

```
    },
    mounted（）{
      this.updateNav（）;
    }
  }）
```

第五步：在 JS 文件夹下，创建第二个 JS 文件，命名为"tab.js"，用来设置导航标签，添加"启用 / 禁用"按钮，点击此按钮可设计切换功能的开启与关闭。通过判断 pane.js 获取到的内容，显示对应结果。主要代码如示例代码 8-17 所示。

实例代码 8-17

```
Vue.component（'tabs', {
  template：`
  <div class="tabs">
    <div class="tabs-bar">
        <div : class="tabCls（item）" v-for="（item，index）in navList" @click="han-
dleChange（index）">
        {{item.label}}
      </div>
      <button @click="removePane（）"> 启用 / 禁用 </button>
    </div>
    <div class="tabs-content">
        <slot></slot>
    </div>
  </div>
  },
  props: {
    value：{
      type: [String, Number],
    },
  },
  data: function（）{
    return {
      currentValue: this.value,
      navList: [],
    };
  },
  methods: {
    tabCls: function（item）{
```

```
        return [
          'tabs-tab',
          {
            'tabs-tab-active': item.name === this.currentValue,
          },
        ];
    },
    getTabs() {
      return this.$children.filter(function (item) {
        return item.$options.name === 'pane';
      });
    },
    updateNav() {
      this.navList = [];
      var _this = this;

      this.getTabs().forEach(function (pane, index) {
        _this.navList.push({
          label: pane.label,
          name: pane.name || index,
          bool: pane.closable,
        });
        if (! pane.name) pane.name = index;
        if (index === 0) {
          if (! _this.currentValue) {
            _this.currentValue = pane.name || index;
          }
        }
      });
      this.updateStatus();
    },
    updateStatus() {
      var tabs = this.getTabs();
      var _this = this;
      tabs.forEach(function (tab) {
```

```
        return（tab.show = tab.name === _this.currentValue）;
      }）;
    },
    handleChange: function（index）{
      var nav = this.navList[index];
      var name = nav.name;

      this.currentValue = name;
      this.$emit（'input', name）;
      // this.$emit（'on-click', name）;
    },
    removePane: function（）{
      var bool = this.navList[1].bool;
      console.log（bool）;
      if（bool）{
        this.navList[1].bool = false;
        this.currentValue = '0';
      }
      if（! bool）{
        this.navList[1].bool = true;
        this.currentValue = '1';
        this.$emit（'input', '1'）;
      }
    },
  },
  watch: {
    value: function（val）{
      this.currentValue = val;
    },
    currentValue: function（）{
      console.log（'demo'）;
      this.updateStatus（）;
    },
  },
}）;
```

第六步：在 JS 文件夹下，创建第三个 JS 文件，名为"text.js"，用来设置实例作用范围，并设置默认返回值为标题一的值。主要代码如示例代码 8-18 所示。

实例代码 8-18

```
var app = new Vue({
  el: '#app',
  data: {
    activeKey: '1',
  },
})
```

第七步：运行此页面，其效果如图 8-20 至图 8-23 所示。

图 8-20 当"启用 / 禁用"按钮为"禁用"状态时，不显示内容

图 8-21　当"启用 / 禁用"按钮为"启用"状态时,默认显示"图片一"

图 8-22　切换选项卡为"图片二"

图 8-23　切换选项卡为"图片三"

本项目通过对"选项卡切换"功能的实现,对 Vue 路由的使用有了初步的了解,并详细介绍了 Vue 组件之间的传值方式以及如何使用 Vue 实现过渡动画效果,培养使用 Vue 渐进式框架完成基本 Web 程序的能力。

一、选择题

1. Prop 方法通常用于(　　　)。

A. 父组件向子组件发送数据　　　　　　B. 子组件向父组件发送数据

C. 子组件向子组件发送数据　　　　　　D. 子组件向中间事件线发送数据

2. 下列表示离开过渡的开始状态的是(　　　)。

A. v-enter-active   B. v-leave   C. v-leave-active   D. v-leave-to

3. 下列表示单个路由的是（   ）。

A. router   B. route   C. routes   D. vue-router

4. 参数"el"代表（   ）。

A. 创建 Vue 实例   B. 确认 Vue 实例作用范围

C. 返回获取数据   D. 定义方法

5. "$on"代表（   ）。

A. 发送数据   B. 监听数据   C. 监听并接收数据   D. 中转站

二、填空题

1. Vue 过渡效果可通过使用 _____ 结合 transition 实现。

2. 组件的注册方式包括 _____ 和 _____ 。

3. 组件创建的命令格式为 _____ 。

4. 子组件向父组件传值通过 _____ 方法。

5. 路由通过 _____ 组件渲染页面。